AF453281

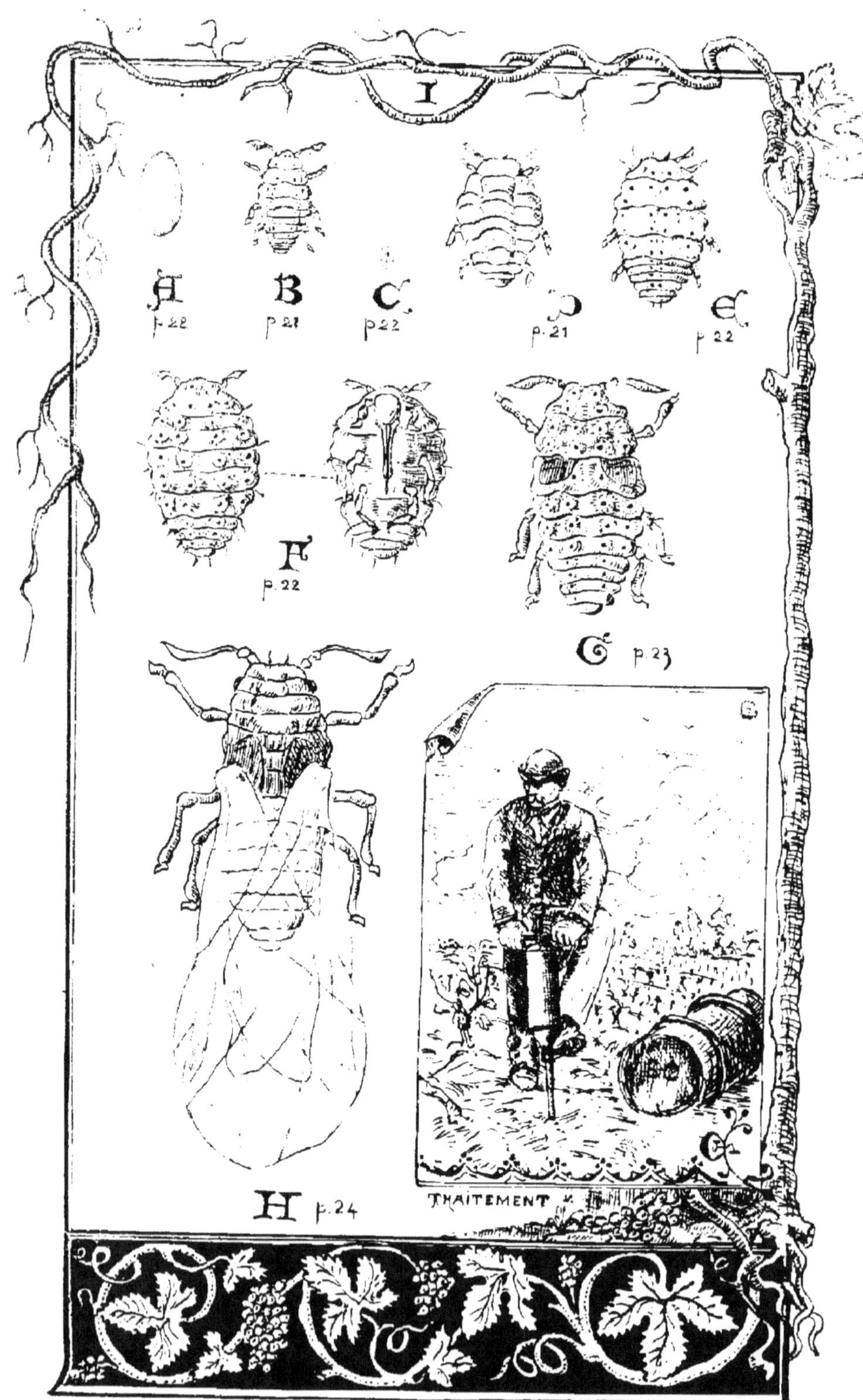
I
A
p. 22
B
p. 21
C
p. 22
D
p. 21
E
p. 22
F
p. 22
G p. 23
H p. 24
TRAITEMENT

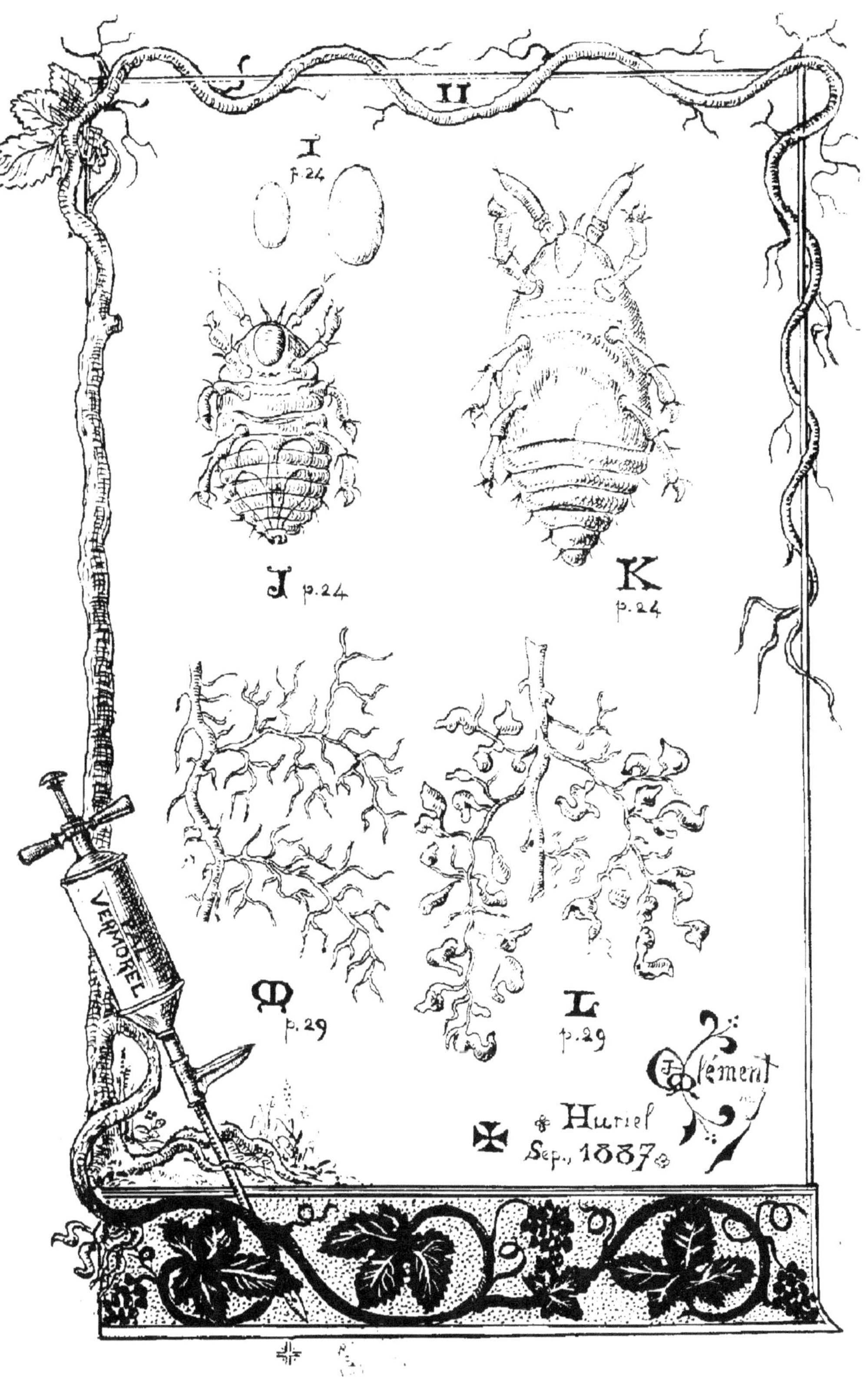

I
p.24
II
J p.24
K p.24
M p.29
L p.29
VERMOREL
J. Clément
Huriel
Sep., 1887

LETTRES

SUR LE

PHYLLOXÉRA

ADRESSÉES

AUX VIGNERONS DE LA PAROISSE D'HURIEL

AVEC PLANCHES

PAR

L'ABBÉ JOSEPH-H.-M. CLÉMENT

Vicaire à Huriel.

AOUT-SEPTEMBRE 1887

MONTLUÇON

IMPRIMERIE, LITHOGRAPHIE ET LIBRAIRIE PROT.

1887

APPROBATIONS

———

Pour faire cette brochure, on a réuni les différentes Lettres que nous avons publiées sur la question du Phylloxéra, dans le Bulletin agricole du *Journal de Montluçon* (n°ˢ du 6 août au 24 septembre 1887).

Leur publication nous ayant valu, de la part d'agriculteurs éminents, des lettres de félicitation, nous avons cru qu'il serait utile de placer notre Etude sous leur patronage.

Aussi prenons-nous la liberté de nous recommander des deux lettres que nous avons reçues de M. le Président de notre Société d'Agriculture et de M. le Professeur d'Agriculture de l'Allier. Elles donneront à notre travail sa réelle valeur, autant par ce que leurs appréciations émanent d'hommes dont la haute compétence est connue, que parce qu'elles éclairent certains points particuliers de cette importante question.

———

SOCIÉTÉ

D'AGRICULTURE

DE L'ALLIER

Beaumont, le 1er octobre 1887.

MONSIEUR L'ABBÉ,

J'ai lu avec attention l'étude sur le Phylloxéra que vous m'avez fait l'honneur de me soumettre. Je ne peux que donner mon approbation entière à ce travail. C'est un véritable manuel pour la lutte contre le redoutable insecte, très exact, très complet, parfaitement mis à la portée de tous et que je voudrais voir entre les mains de chaque vigneron de notre département.

Agréez, Monsieur l'Abbé, l'assurance respectueuse de mes sentiments très distingués.

J. DE GARIDEL,

Président de la Société d'Agriculture de l'Allier.

CHAIRE

D'AGRICULTURE

DE L'ALLIER

—

Cabinet du Professeur.

Moulins, le 30 septembre 1887.

Monsieur,

Depuis que vous avez commencé à publier vos *Lettres sur le Phylloxéra*, j'ai plusieurs fois regretté, lorsque j'étais à Huriel, de n'avoir pas eu le temps d'aller vous serrer la main et de vous remercier de l'aide précieux que vous m'apportez ainsi dans ma tâche…. Votre publication sera très utile aux vignerons et je ne puis que vous donner toute mon approbation. Vous êtes tout à fait dans le vrai, lorsque vous faites remarquer qu'il faudrait traiter, préventivement pour ainsi dire, une grande étendue de vignes autour de la partie reconnue infestée. En effet, ce qui vous empêche d'arrêter l'expansion des taches existantes, c'est qu'on ne peut, administrativement, fouiller au pied de tous les ceps pour reconnaître ceux qui sont atteints. C'est là une œuvre qui dépasse les moyens de l'administration; celle-ci ne peut que faire des recherches moins longues. Il faudrait que tous les vignerons d'Huriel et de Domérat se missent eux-mêmes à ces recherches. Si on trouvait les ceps phylloxérés dès qu'ils sont atteints, les traitements

seraient victorieux et on empêcherait les essaimages.
Pour parer à ces difficultés de recherches, il faut
avoir recours au badigeonnage Balbiani qui est excellent et a encore fait brillamment ses preuves cette
année, ou bien il faudrait traiter une vingtaine d'hectares au printemps et en juillet.

Dans votre travail, il y a des passages où vous ne
paraissez pas assez affirmatif ou assez précis.... Vous
n'affirmez pas assez qu'une vigne phylloxérée, traitée
tous les ans au sulfure, vivra comme si de rien n'étai'.
La preuve existe dans bien des départements, et,
même dans le Midi, il y a des propriétaires qui ont
conservé ainsi leurs vignes, mais qui, en outre, en
ont replanté pour les sulfurer tous les ans. Il ne
faut pas non plus croire que le sulfure doit être
enfoncé profondément et que, pour cela, le sulfurage
à la charrue serait moins parfait que celui fait au pal.
Le sulfurage à la charrue est celui de l'avenir. Il
faudra planter en vue de l'utiliser.

Quant aux cépages américains, il est très funeste
d'en parler dans un pays nouvellement phylloxéré,
parce que nombre de personnes peu instruites ou ne
se donnant pas la peine d'étudier à fond la question
en profitent pour renoncer à toute lutte contre l'invasion. Or, laisser disparaître très vite le capital repré-
senté par les souches en production, c'est laisser
l'insecte vous prendre trois ou quatre mille francs
par hectare, pour le simple espoir de reconstituer le
même capital à l'aide des ceps américains. D'ailleurs,
l'arrondissement de Montluçon ne sera pas de si tôt

autorisé à se préoccuper des vignes américaines, ces grands propagateurs de la maladie.

A part ces critiques, toutes bienveillantes, j'approuve vos lettres et je vous prie d'agréer l'assurance de ma parfaite considération.

JOUFFROY.

———

Nos lecteurs apprécieront la portée de ces documents. Nous nous contenterons de faire observer, en ce qui regarde la seconde partie de la lettre de M. le professeur, que nous n'avons parlé des inconvénients du traitement par la charrue sulfureuse qu'au point de vue de notre mode de culture actuelle. Nous croyons, nous aussi, qu'on ferait bien dans l'avenir de planter en vue d'utiliser ces charrues qui économisent la main-d'œuvre. Mais on reconnaîtra facilement aussi que ce mode de traitement est peu compatible avec le système de plantation usité dans ce pays. Dans nos vignobles actuels, le traitement avec la charrue offrirait des inconvénients auxquels nous faisons allusion dans la seconde partie de notre Etude ; sans compter qu'il serait même impossible de faire circuler n'importe quel attelage entre les ceps.

Enfin, pour répondre aux reproches qu'on nous faits de parler des cépages américains « dans un pays nouvellement phylloxéré », nous ferons observer que le plan même de nos *Lettres sur le Phylloxéra* exigeait l'exposé complet et fidèle de tous les moyens proposés pour le combattlre. En outre, nous avons indiqué ce mode de reconstitution des vignobles comme un moyen extrème et qui exigeait pour donner de bons résultats des conditions toutes particulières. Nous avons, ce nous semble, suffisamment conseillé de traiter d'abord la vigne attaquée. Aussi bien, nous sommes sans inquiétude sur le sens que les vignerons donneront à notre exposé, car nous sommes sûr qu'ils n'auront pas recours au dernier moyen de la reconstitution de leurs vignes avant d'avoir essayé tous les traitements qu'on leur propose pour conserver les vignobles actuels. Et, si nous savons que certains cépages ne résistent pas au terrible puceron, que quelques-uns même servent à le pro-. pager, nous espérons encore que certaines espèces conserveront les caractères d'une véritable résistance : dès lors, nous nous sommes cru autorisé à faire partager à nos chers vignerons cette dernière et suprème espérance.

LETTRES SUR LE PHYLLOXERA

Aux Vignerons de la Paroisse d'Huriel.

Huriel, août 1887.

Mes chers amis,

Au mois de mai de l'année dernière, quelques-uns d'entre vous se trouvaient, pour la première fois, en face d'un nouveau fléau qui ne tarda pas de fixer l'attention des malheureux propriétaires des clos contaminés et des autorités chargées de veiller à votre prospérité matérielle.

Devant le dépérissement des vignes du Grand-Marignat, ne donnant plus que des bourgeons rabougris et des raisins qui se desséchaient au mois de juillet, plusieurs vignerons avaient pensé, l'année dernière, que c'était là un des effets de la foudre. Malheureusement, cette explication dut bientôt s'évanouir devant la triste réalité. M. Jouffroy, professeur d'agriculture de l'Allier, appelé par M. le Maire d'Huriel, vint plusieurs fois dans notre commune et constata la présence du terrible dévastateur des vignes du Midi, le *Phylloxera vastatrix*.

Un délégué du ministère de l'agriculture et du commerce s'assura, comme son collègue de Moulins,

2.

et d'une façon absolument certaine, de l'existence du redoutable insecte.

Quand on fit des expériences, à l'aide desquelles nous avons pu reconnaître avec M. Jouffroy, et vous montrer à tous quelques phylloxéras, on remarqua que la tache phylloxérique s'était étendue. Ce n'était plus une dizaine de ceps qui se trouvaient atteints, mais 90 souches au moins qui réclamaient un prompt et énergique traitement. Le 12 juin suivant, M. Jouffroy expliquait sur place, devant nous, la manière de reconnaître le phylloxéra et les moyens de l'éloigner des vignes attaquées.

Le lendemain, la conférence du savant professeur complétait ses explications de la veille, devant un auditoire que l'importance du sujet traité aurait dû, ce nous semble, rendre plus nombreux. Puis on détruisit les vignes phylloxérées en traitant au sulfure de carbone toute la zone qui les entoure, de manière à être sûrs d'avoir englobé toute la partie contaminée.

Et comme après ces expériences rien ne révélait la présence du phylloxéra dans d'autres endroits du vignoble, plusieurs d'entre vous soulevèrent des doutes sur la nature du mal, sur son *existence* même, et presque tous s'abandonnèrent au téméraire espoir de l'avoir à jamais conjuré.

Hélas ! chers vignerons, voilà que maintenant des bruits inquiétants viennent de divers clos du Grand-Marignat nous apprendre que notre joie était prématurée et que l'ennemi caché depuis quelques années dans ce vaste clos et venu, comme nous le dirons, on ne sait d'où. avait eu le temps de faire des essaimages dans les environs. Et c'est ainsi que les vignerons Dubreuil, Bergerat, Aufaure et Guillemonat sont obligés de disputer leurs vignes au terrible fléau.

Ces tristes nouvelles ne justifient que trop cette poignante prévision que le beau vignoble d'Huriel se trouvait envahi sur plusieurs point à la fois, par le formidable ennemi que vous ne connaissez peut-être pas assez, et que, à coup sûr, vous ne redoutez pas autant que vous le devriez.

C'est pourquoi, chers amis. alors qu'il en est encore temps (tandis que demain, l'œuvre de destruction étant accomplie, il ne nous resterait qu'à vous donner des consolations bien plus que des conseils), nous joignons aujourd'hui notre voix amicale, désintéressée et tout à fait indépendante, à celles qui vous exhortent à prendre ce sujet en sérieuse considération.

Plusieurs d'entre vous, qui n'avaient pu assister à la conférence de M. le professeur d'agriculture de Moulins et qui désiraient avoir sur le phylloxéra des renseignements écrits, se sont adressés à moi.

C'en était assez pour m'encourager à vous livrer le fruit d'une étude sérieuse que je faisais de cette importante question.

Un autre la traiterait avec plus de compétence, il ne pourrait le faire avec plus d'affectueux dévouement. Et la démarche si délicate de ces chers et honnêtes vignerons s'adressant à un prêtre de leurs

amis, parce qu'ils savent que la Religion est toujours
prête à leur donner un bon conseil, et que rien de
ce qui regarde l'homme, l'ouvrier, le cultivateur, laisse
indifférent ses ministres, m'a paru trop touchante
pour ne pas surmonter mes scrupules et me décider à
leur livrer le résultat de patientes recherches.

Voilà, mes chers vignerons, comment, à défaut de
personnelle compétence, notre affection pour vous a
cherché dans les ouvrages les plus récents, publiés
sur cette matière par des hommes éminents (1), les
renseignements qui vous seront utiles et dont la recherche est assez longue et assez difficile pour être
interdite à beaucoup d'entre vous.

Et ces renseignements, nous vous les donnons tels
que nous avons pu les trouver, sans la crainte d'é-
mouvoir l'opinion publique par le signal du danger ;
car nous connaissons quelque chose de pire pour

(1) Ouvrages à consulter :
Traité de Zoologie, par Claus. — 2ᵉ édition française, par
    Moquin-Tandon.
Manuel de Viticulture, par G. Foëx, directeur de l'Ecole
    de Montpellier.
Ampélographie américaine, par MM. G. Foëx et P.
    Vialla.
Les Parasites et les Maladies de la Vigne, par André.
Contre le Phylloxéra, par Barral.
Question du Phylloxéra, par Chauzit, professeur d'agri-
    culture du Gard.
Le Phylloxéra, par Briant.
Guide du Vigneron, par Crolas et V. Vermorel.
La Maladie de la Vigne, par Chavée-Leroy.
Les Congrès agricoles et les journaux.

l'opinion publique que d'entendre un cri d'alarme, c'est de n'en pas tenir compte ; quelque chose de pire pour un pays viticole que l'annonce d'un nouvel ennemi, c'est de dormir plus longtemps dans l'insouciance de son propre salut. Or, nous allons avoir la triste occasion de vous montrer, dans les lignes suivantes, que la question du phylloxéra, qui s'impose à la méditation de tous, est une *question de vie ou de mort* pour Huriel et pour les communes voisines, suivant la solution que vous lui donnerez, c'est-à-dire, suivant que ce que nous allons vous dire sur la *nature* du terrible mal et sur les *remèdes* à employer contre lui, trouvera parmi vous des partisans ou bien des indifférents et des adversaires.

PREMIÈRE PARTIE

LA MALADIE

I. Classification entomologique. —· II. Cause et origines du phylloxéra. — III. Sa nature. — IV. Ses effets et moyens de le reconnaître. — V. Ses conséquences et motifs de le combattre.

Partant de ce principe, qu'on peut d'autant mieux combattre un ennemi, qu'il est mieux connu, il me semble de quelque utilité d'examiner tout d'abord *l'origine*, la *nature* et l'*action* du terrible dévastateur des vignobles.

D'ailleurs, la connaissance de la nature et des mœurs de l'animal nous fournit des renseignements précieux sur les meilleurs moyens de le combattre.

Un viticulteur des plus distingués, M. Laliman, a dit que l'histoire du phylloxéra était encore à faire (1). Ce qu'il y a de vrai dans cette assertion, c'est que la science n'a pas dit son dernier mot, et qu'il existe encore bien des controverses sur la nature et l'origine du phylloxéra. Malgré les études sérieuses qui ont été faites, les expériences qu'on a multipliées, la question théorique est encore enveloppée de bien des nuages que le temps et l'expérience dissiperont

(1) Conférence sur le phylloxéra, faite cet hiver à Lyon par M. Donnadieu. — Bulletin mensuel des Facultés catholiques de Lyon. n° 7. — Juillet 1887.

sans doute, mais qui pour le moment donnent aux expositions qui veulent être sincères quelque chose d'embarrassé et de problématique. C'est ce qui explique comment on n'a pas encore trouvé de remèdes infaillibles contre le phylloxéra.

On a pu défendre la vigne jusqu'ici contre l'invasion de nombreux insectes ou des maladies cryptogamiques, telles que la pyrale, l'eumolpe ou écrivain, l'altise, le charançon nocturne, l'erineum, l'oïdium, le mildew ou mildiou, etc., en recourant à des procédés de destruction qu'une longue expérience viticole avait reconnus efficaces.

Mais il y a relativement si peu de temps que le monde savant se trouve en présence du phylloxéra, qu'il n'a pu donner des réponses absolument satisfaisantes à toutes les questions que la légitime préoccupation des vignerons ne cesse de lui poser.

Toutefois, ces années d'observations et d'études ont donné quelques bons résultats. Et, en attendant de nouvelles découvertes qui feront sortir tout à fait le phylloxéra du mystère qui l'enveloppe, voici ce que l'on peut admettre avec d'éminents professeurs et des agronomes distingués, comme MM. Briant, Chauzit, Chavée-Leroy, Barral, Dr Crolas, Degrully, Foëx, etc., sur la cause, l'origine et les effets du *phylloxera vastatrix*.

I. Classification entomologique.

On l'a classé dans l'ordre des *hémiptères* et dans la famille des *aphidées* (1) et des *phylloxeriens*. C'est celle des pucerons, auxquels le phylloxéra ressemble par certains côtés. Mais il parait constituer un type intermédiaire entre les pucerons et la cochenille. Cette terrible famille a plusieurs représentants (2), comme le *phylloxera quercus* qui vit sur le chêne kermes ; le *phylloxera coccinea* que l'on rencontre sur les feuilles du chêne rouvre et enfin le *phylloxera* de la vigne que le savant M. Donnadieu (3) regarde comme offrant deux types différents, dont l'un conserve le nom donné par M. Planchon et devenu populaire, de *Phylloxera Vastatrix*, et dont l'autre pourrait prendre celui de *Phylloxera Pemphigoïdes*. Le premier caractérise l'insecte le plus nuisible, par l'aptère qui s'attaque aux racines et par l'insecte ailé qui propage la maladie. Le second semble dépourvu d'ailes et vit sur les feuilles sur lesquelles il produit les galles spéciales que d'autres savants attribuent à l'action de certains types du *philloxera vastatrix*. Nous pouvons cependant retenir de ce dissentiment que l'opinion de M. Donnadieu doit être de quelque poids dans le jugement que nous porterons sur cette matière.

(1) Traité de Zoologie, par Clans, 2ᵉ édition française.
(2) Chauzit, ouv. cit., p. 19.
(3) Un volume sur le phylloxéra, par M. Donnadieu ; en préparation.

II. — Cause et origines de la maladie phylloxérique.

On s'est demandé d'abord quelle était la *cause*, scientifiquement parlant (1), de cette nouvelle maladie qui détruit d'une façon si soudaine les vignobles français.

En effet, quand on a constaté pour la première fois qu'un cep dépérissait, et que ses racines étaient couvertes de phylloxéras, on a pu se demander si c'était cet insecte qui avait causé l'affaiblissement, puis la mort du cep, ou s'il était tout simplement le résultat du dépérissement de la vigne, comme les vers germent dans un corps par suite de sa décomposition.

Il parait démontré aujourd'hui que le phylloxéra est la cause première de la maladie de la vigne dont le dépérissement et la mort ne sont que les conséquences de ses attaques. La mort des ceps vigoureux, plantés dans les sols les plus jeunes et les plus riches, prouve assez ce fait pour qu'il soit inutile d'insister.

Mais alors, si le phylloxéra n'est pas un résultat de l'état maladif de la vigne, quelle en est donc *l'origine* ?

(1) Car nous avons eu l'occasion de dire, du haut d'une autre tribune que celle de la presse, quelles étaient, selon nous, les causes morales de ce nouveau et terrible fléau de Dieu !

Nous avouons franchement qu'il est difficile d'en assigner une absolument certaine.

Le plus grand nombre de savants pensent, suivant M. Chauzit, que le philloxéra est originaire des Etats-Unis d'Amérique où il a constamment exercé ses ravages. Et s'il n'en a pas dévasté complètement les vignobles, c'est parce qu'il y rencontre des conditions plus désavantageuses et des cépages qui lui résistent plus victorieusement que ceux de l'Europe (1).

Ainsi, il nous aurait été importé en France par des cépages exotiques.

On est amené à cette conclusion en examinant, d'une part, que si le phylloxéra avait toujours existé dans notre pays, il s'y serait fait remarquer depuis longtemps, car les conditions culturales et météorologiques actuelles se sont bien des fois rencontrées dans la série des siècles écoulés (2).

De plus, si la maladie était due aux circonstances atmosphériques, aux intempéries, à la chaleur, à l'état du sol, etc., il est certain que l'effet se produirait sur le vignoble tout entier placé dans ces conditions, et non sur un point isolé. Or, l'expérience

(1) Ce qui explique pourquoi certains viticulteurs du Midi replantent leurs vignes avec des cépages américains. En 1885, 17,236 hectares de vignobles envahis par le phylloxéra avaient été replantés avec des cépages qui résistent fort bien.

(2) On sait que du temps même de saint Grégoire de Tours (544-595), la vigne était très cultivée en France.

prouve que la propagation du mal a lieu, non par contrée, non par année, mais par tache qu'on observe aussi bien dans les vignes les plus affaiblies que dans celles qui sont les plus vigoureuses, sous tous les climats, et sur n'importe quel genre de terrain.

D'autre part, un grand nombre d'observateurs n'ont pu constater un seul foyer phylloxérique sans apercevoir à côté de ce mal la cause qui l'avait produit, une vigne américaine !...

Quoi qu'il en soit, la présence du phylloxéra n'a été constatée en France, pour la première fois, que vers 1863, sur le plateau de Pujau, près de Roquemaure (Gard). En 1869, MM. Bazille, Planchon et Sahut, délégués de la Société d'Agriculture de l'Hérault, le découvrirent à Saint-Rémy (Bouches-du-Rhône). Et, depuis ce temps, il a couvert la France de ruines, fixé les regards de tous les savants, occupé une large place dans les feuilles publiques, dans les livres, dans les Expositions et dans les préoccupations nationales.

Jusqu'à présent, par patriotisme et par charité chrétienne seuls, nous suivions, en témoins attristés, les envahissements du phylloxéra ; mais aujourd'hui, chers vignerons, vous devez songer directement à vous.

Car, comme nous le disions au commencement de cette lettre, la première constatation du phylloxéra, dans le clos de Marignat, était faite par votre collègue Bergerat, du village de Beaumont (1).

(1) *Centre*, n° du 27 mai 1886.

On était au mois de mai de l'année dernière, et chacun se demandait comment le phylloxéra avait pu s'introduire chez vous. On l'ignore encore.

L'hypothèse d'une émigration venue des départements voisins du Cher ou de l'Indre, dans lesquels cet insecte accumule les ruines, paraît peu naturelle, attendu que la distance qui nous sépare des points phylloxérés est relativement trop considérable pour être franchie d'un seul vol par des essaimages, et que, d'autre part, on ne peut montrer aucune station intermédiaire pour expliquer comment les essaims de phylloxéra seraient venus jusque dans nos vignobles.

On pourrait peut-être trouver la véritable cause dans ce fait grave, sur lequel on n'a pas fait encore une lumière complète, mais qui nous a été certifié véridique par d'honnêtes vignerons, de l'introduction dans les vignes de Beaumont d'un cépage particulier de gamet du midi. Il y a précisément six ou sept ans que l'on aurait fait venir ces cépages dont la bonne renommée a trompé la bonne foi en même temps que les espérances de nos vignerons. Les quelques années qui nous en séparent représentent à peu près le temps que demandaient les œufs et les phylloxéras apportés avec ces cépages pour éclore, se multiplier et causer les premiers ravages qui ont attiré l'an passé tous nos soupçons et éveillé toutes nos appréhensions.

Voilà pourquoi nous croyons utile de faire passer à notre tour, sous vos yeux, la figure du terrible dévastateur de la vigne et l'effrayant tableau des ravages qu'il a causés partout et qu'il peut, si vous ne prenez aucune précaution, multiplier chez vous.

III. — NATURE ET TRANSFORMATION DU PHYLLOXÉRA

Qu'est-ce donc que ce redoutable *phylloxera vastatrix* ?

C'est un microscopique petit insecte qui subit, comme la plupart de ses congénères, de nombreuses métamorphoses ou changements qu'il est utile de faire connaître, car le vigneron peut, dans ses recher-ches, le rencontrer sous les états différents de *larve*, de *femelle pondeuse aptère*, c'est-à-dire sans ailes, de *nymphes*, d'*insecte ailé*, d'*individus reproducteurs*, d'*œuf d'hiver*.

C'est par des *mues*, ou changements, que le phylloxéra traverse les phases diverses de son existence.

Dans les premiers jours de printemps, l'œuf d'hiver déposé quelques mois avant par le phylloxéra, comme nous le dirons, éclot et donne naissance à de petites *larves*. Avant la première mue, qui doit faire passer ces derniers à l'état d'insectes, le phylloxéra ressemble à un très petit puceron d'un jaune clair ; il vit sur les radicelles de la vigne, et, au moyen des trois *soies* dont se compose son petit suçoir, il va chercher la sève qui monte alors, autant par capillarité que par aspiration, dans le corps de l'insecte (fig. B et D).

Puis la bestiole se développe, sa peau se rompt sur le dos et tombe comme un vêtement devenu trop étroit dont on se débarrasse ; c'est la première mue.

L'insecte est alors d'un jaune verdâtre et passe, après quatre ou cinq jours d'attente, par une deuxième mue (fig. E), et quelquefois par une troisième et une quatrième transformation qui laisse le phylloxéra à l'état de mère pondeuse. Si l'on place le petit insecte qui subit cette phase sous la lentille d'un fort microscope, il est assez facile de voir ses six pattes, ses deux longues antennes, et même d'apercevoir quelquefois, par transparence, dans l'abdomen, plusieurs œufs (1).

Il mesure, en cet état, 3/4 de millimètre de longueur et 1/2 millimètre de largeur ; sa peau prend une couleur foncée, s'épaissit et présente à la surface comme de petits tubercules qui donnent à l'animal l'aspect d'un fragment de pelure d'orange.

C'est à ce moment que la ponte commence. Chaque femelle pond de 2 à 3 œufs en 4 ou 5 jours, davantage quand la température est très élevée. Ces œufs sont ovoïdes, allongés, de couleur jaune citron plus ou moins foncé et mesurent d'ordinaire 3/10 de millimètre (fig. A et C). On a calculé que chaque femelle peut pondre de 25 à 30 œufs. La reproduction de l'espèce étant ainsi assurée, l'insecte meurt, et ses œufs éclosent au bout de 8 à 10 jours, et même au bout de quatre à cinq jours, si la température est

____

(1) Les figures qui accompagnent le texte ont été dessinées par nous d'après les meilleures reproductions publiées par le Dr Crolas et les observations personnelles que nous avons faites à l'aide d'un microscope double d'une grande puissance.

plus élevée que 25 degrés, et donnent naissance à une nouvelle génération de larves qui suivent les transformations que nous venons d'indiquer avant de devenir à leur tour mères pondeuses.

Et ce curieux phénomène se reproduit pendant cinq ou six générations, s'engendrant parthénogéniquement, c'est-à-dire sans le secours d'une nouvelle fécondation ! (1)

C'est ainsi que s'explique comment, dans les pays où la fécondité est plus grande et la reproduction plus hâtive, la petite larve du mois d'avril a donné, jusqu'au premier novembre (et jusqu'au mois d'octobre dans le Beaujolais et la Charente, dans lesquels la ponte dure un mois de moins), plus de *20 millions* d'individus, et comment à la fin d'une année un hectare de terrain peut être envahi par le produit d'un seul œuf !...

Vers le mois de juillet, quelques phylloxéras subissent une tranformation étrange : leur corps s'allonge en se rétrécissant vers le milieu, il devient d'une couleur jaune orange et offre sur les côtés deux petits appendices comme deux rudiments d'ailes, d'un noir violet ; on les appelle des *Nymphes* (fig. G).

Quand il est resté 15 ou 20 jours en cet état, le phylloxéra fait une dernière ponte qui donne naissance à des insectes au corps allongé et jaunâtre et

(1) Dr Crolas. *Guide du Vigneron.* — Clans. *Traité de Zoologie.*

munis d'ailes ; ce sont ceux qu'on appelle *phylloxéras ailés* (1). Ils ressemblent à nos petits pucerons de rosiers. On les découvre facilement à l'œil nu, avec un peu d'habitude, sous les feuilles de vigne et en particulier dans les petites toiles d'araignée qui les retiennent captifs avec les autres parasites de l'air.

C'est ce phylloxéra ailé qui est emporté par le vent aux mois de juillet et d'août et qui propage au loin la maladie en créant, par ces *essaimages* si redoutés des viticulteurs, de nouveaux foyers phylloxériques.

Ils s'envolent comme des essaims d'abeilles, tombant de préférence sur les arbres qui, comme les pêchers des vignes, leur offrent des branches plus volumineuses qui les arrêtent et les retiennent mieux au passage. De là, les insectes descendent sur le sol ou dans les pampres de la vigne et déposent leurs œufs au nombre de 3 ou 5, soit, dit M. Chauzit, dans le duvet qui se trouve à l'aisselle des nervures, soit sur les bourgeons et même sur le tronc. Ces œufs sont de dimensions différentes (fig. I), et donnent naissance, au bout d'une douzaine de jours, les plus petits, à des individus aptères mâles (fig. J), et les plus gros, à des aptères femelles (fig. K). C'est à ce moment seulement qu'on aperçoit des phylloxéras sexués ; c'est pendant cette phase qu'a lieu la fécondation, sans laquelle l'espèce dégénérerait et finirait peut-être par disparaître.

(1) M. Balbiani pense, lui, que le phylloxéra ailé résulte d'une nourriture spéciale.

Enfin ces femelles meurent après avoir pondu chacune, en août ou septembre, sous les écorces du bois et en particulier du bois jeune de la vigne, l'œuf qu'on appelle l'*œuf d'hiver* (1) qui éclot à son tour au printemps et donne naissance à ces larves dont nous avons parlé au commencement de ces étonnantes et singulières transformations.

L'œuf d'hiver, voilà donc ce qui paraît être le pivot autour duquel rayonne et gravite l'étrange existence de ces myriades d'insectes malfaisants !

Voilà pourquoi certains naturalistes pensent que si, à l'aide de certains insecticides, on détruisait tous les œufs d'hiver, qu'ils regardent comme le résultat de la dernière fécondation et par suite comme la source de la vie qui engendre l'année suivante toutes les séries de phylloxéras aptères et ailés, on amènerait d'abord la dégénérescence de l'espèce, et, en dernier lieu, sa disparition. Et c'est sous l'impression de cette idée, qui d'ailleurs renferme quelque chose de vrai, que M. Balbiani et quelques autres viticulteurs proposent de badigeonner les ceps de vigne avec un certain mélange de goudron et d'huiles lourdes de gaz d'éclairage.

Jusqu'à présent, cette expérience n'a pas donné de

____

(1) C'est le fameux *œuf d'hiver* que le docteur Crolas dit avoir été découvert par Balbiani et M. Chauzit par M. Roiteau, en 1874, dans les Charentes, et qu'on aurait cherché vainement dans le Midi jusqu'en 1880, époque à laquelle M. Valéry-Mayet le trouva dans les environs de Montpellier.

3.

résultats sérieux et offre, d'autre part, des difficultés pratiques qui paraissent devoir en rendre les conséquences assez douteuses.

Et puis, ce dernier espoir de tuer le phylloxéra dans son germe doit s'évanouir, selon nous, devant cette constatation (1), que le phylloxéra aptère peut engendrer sur place une génération destinée à entretenir la vitalité et la propagation de l'espèce. Les types de cette espèce passent l'hiver sur les racines de la vigne, résistent aux gelées les plus fortes, précisément à cause de leur état d'engourdissement, et conséquemment ne mangent pas, aplatis, d'une couleur jaune cuivreuse, attendant les beaux jours. Et dès que la température s'est élevée à 10°, ils sortent de leur immobilité pendant le réveil de la nature entière, se nourrissant et se multipliant en passant par les phases que nous avons indiquées plus haut (2).

IV. — Des effets et moyens de reconnaitre le phylloxéra.

Mais il ne suffit pas au viticulteur de bien connaître l'origine et la nature du phylloxéra. Sans doute, cela peut lui être d'une grande utilité, et l'on sait quels signalés services la connaissance des mœurs

(1) Comptes rendus de l'Académie des sciences, 1874.

(2) Voir les savants travaux de MM. Cornu, Balbiani, Planchon, Lichtenstein, Valéry-Mayet, Boiteau, Foëx, etc., qui se sont occupés spécialement de la description de la nature et des mœurs du phylloxéra.

de cet insecte a déjà rendus. Il est même probable qu'en vertu de l'axiome que nous inscrivons en tête de ces lignes : « qu'on peut d'autant mieux combattre un ennemi qu'on le connaît davantage », plus la science fera de progrès dans la connaissance théorique du terrible insecte, plus nous serons en droit de compter sur de nouvelles conquêtes dans la question pratique de sa destruction.

Cependant, nous reconnaissons que d'ordinaire c'est là un champ ouvert seulement aux précieuses investigations des savants qui l'exploiteront dans toutes ses parties, afin de nous donner des moyens plus infaillibles de combattre le phylloxéra. Le vigneron a autre chose à faire ; aussi bien ne voit-il pas lui-même à quoi lui servirait d'explorer à fond le champ si vaste qui est aujourd'hui encombré de controverses scientifiques. Son intérêt est ailleurs. Si nous avons relaté à grands traits la vie si extraordinaire de son indomptable ennemi, c'est que nous savons qu'il aime à voir les siens bien en face, dans un tableau débarrassé de tout ce qui peut nourrir ses doutes et lui faire illusion. Ce premier tableau de la nature de l'insecte, nous l'avons exquissé pour frapper les yeux des vignerons *incrédules*.

Mais il importe surtout maintenant de montrer, à la catégorie plus grande et plus intéressante des vignerons intelligents qui nous demandent les moyens de reconnaître leur ennemi, quels *effets* la présence du phylloxéra produit dans les vignes et quels sont les symptômes tant extérieurs qu'internes qui la révèlent.

Le phylloxéra ne commence ses attaques qu'après l'hiver. En effet, pendant cette morte saison, la vigne comme tous les végétaux ne produit plus de racines, et son ennemi, engourdi par le froid, ne se nourrit plus. Mais dès que le printemps arrive, l'insecte, se réveillant avec la nature, se multiplie et dévore pour se nourrir les racines au fur et à mesure qu'elles se forment. La conséquence de cette attaque, c'est le dépérissement et la mort du cep dont les racines, d'une part, s'altèrent ou pourrissent sous le sol, et dont le tronc ne peut plus garder de feuilles ni pousser à maturité ses chétifs raisins ; d'où il est facile de remarquer qu'un *double phénomène* signale et trahit la présence et les effets du phylloxéra.

1° *Un phénomène qui se passe sous le sol ;* c'est l'attaque de l'insecte sur les radicelles et sur les racines qui se couvrent de renflements et de nodosités phylloxériques.

2° *Un phénomène qui se passe au-dessus du sol,* et qui est le dépérissement graduel et visible du cep, et la propagation du fléau par les taches phylloxériques.

Examinons donc tour à tour ces deux séries de phénomènes qui révèlent incontestablement la présence du phylloxéra dans un vignoble et permettent de se rendre compte de suite de l'ancienneté et de la gravité de la maladie.

A. Symptômes internes.

Renflements et nodosités des racines.

Le phylloxéra se fixe d'abord de préférence, parce qu'il y trouve plus facilement sa nourriture, sur les petites *radicelles* de la vigne, ou *chevelu* des racines que les vignerons désignent sous le nom de « barbues » et, chez nous, de « *pelues* ». A l'aide de ses six pattes, il se maintient sur la petite radicelle et pique avec son suçoir ou rostre les tissus absorbants du végétal. Sous cette piqûre, la partie atteinte se gonfle, et, de filiforme qu'elle est d'ordinaire (fig. M), elle s'enfle en forme de poire ou de crosse de pistolet (fig. L). C'est cette petite partie ainsi déformée que l'on nomme *renflement phylloxérique*, parce qu'il est dû à l'action de cet insecte dont il dénote conséquemment la présence.

Voilà le fait.

Quelle en est la cause ?

Comment se forme ces renflements ? De quelle nature est l'action du phylloxéra sur les racines ? Voilà autant de questions qui ont occupé les savants sans recevoir encore une solution acceptée de tous.

Ce qu'on peut regarder comme certain, c'est que l'insecte tue la vigne par son action sur la sève ; on peut dire, avec M. le docteur Coste, que l'existence d'un cep dépend de l'intégrité du cylindre central des racines de la souche. « Ce cylindre central, dit-il, est le cœur de la plante ; c'est à lui que la sève, c'est-à-dire le sang des végétaux, arrive jusque dans les parties les plus ténues de tous les faisceaux vasculaires ; c'est, en un mot, le grand moteur du torrent circulatoire de la plante ; et, comme pour les animaux, les lésions de cet organe sont toujours très graves et généralement mortelles ; or, c'est précisément ce cylindre central qui est attaqué par le phylloxéra. »

Il ne peut y avoir de controverses que sur la manière dont sont précisément lésés ces organes du cep de la vigne.

M. Coste pense que, sous les piqûres du phylloxéra, la racine se gonfle et gêne le passage de la sève qui y afflue. La partie atteinte des tissus s'hypertrophie (1), c'est-à-dire s'accroît démesurément, forme les renflements qui interceptent la sève et la détournent au profit de l'animal. Donc, d'après la théorie de M. Coste, le cep meurt d'*inanition ; le* phylloxéra *le prend par la famine !*

D'après les savants travaux de M. G. Foëx, directeur de l'Ecole nationale d'agriculture de Montpellier, qui a publié une série d'études micrographiques qu'on retrouve dans plusieurs notes communiquées à l'Académie des sciences depuis 1876, il semble démontré que le renflement (2) déterminé par la piqûre de l'insecte se désorganise rapidement, entraî-

---

(1) M. Max Cornu et d'autres savants professeurs donnent des explications différentes.

(2) M. Millardet, professeur à Bordeaux, qui a fait de sérieuses recherches sur *les renflements phylloxériques,*

nant la pourriture de la partie atteinte. Le produit de la décomposition gagne alors l'intérieur du jeune organe, et la perméabilité des tissus l'étend de proche en proche et fait pénétrer partout la mort avec la décomposition.

Quelques professeurs ont enseigné longtemps que la mort du cep provenait de l'inoculation par le phylloxéra d'un principe vénéneux ; il paraît démontré aujourd'hui que l'insecte ne dépose pas un poison spécial, mais que son action peut bien être comparée, d'après la théorie du savant professeur de Montpellier, à celle d'un principe vénéneux, car il semble possible d'admettre que le phylloxéra dépose dans la racine un principe acide quelconque qui serait susceptible de transformer l'amidon en sucre et, par la fermentation de ce dernier, amener la décomposition rapide de l'organe absorbant.

Quant à la nature du développement des lésions, voici l'explication scientifique qui ressort des observations de M. Foëx :

Dans les radicelles, il existe toujours un point où un certain nombre de cellules sont dépourvues de fécule et renferment du protoplasma coagulé. Ces

distingue parmi eux les *nodosités* qui se rencontrent sur les radicelles et qui peuvent occasionner la mort du jeune organe qui les porte, et les *tubérosités* qui apparaissent sur les vieilles racines et entraînent souvent leur pourriture. D'après lui, certaines vignes américaines ne sont résistantes que parce qu'elles offrent quelquefois des *nodosités,* mais jamais de *tubérosités.*

cellules sont alors promptement entourées d'une zone
de tissus en voie d'accroissement ; on y a trouvé de
la glucose et de la matière azotée, tandis que la fécule
se rencontre dans les tissus plus anciens. Quand l'insecte perce ces cellules, le contenu ne tarde pas à
jaunir, puis à devenir noir ; c'est la décomposition
qui commence, les parois de la cellule s'altèrent,
les sucs se transforment et la désorganisation gagne
les grosses racines, puis le tronc. Ce résultat est d'autant plus infaillible et désastreux pour nos cépages
français, que leurs tissus sont moins denses et moins
serrés. Les produits de la décomposition des renflements ou nodosités peuvent aussi facilement pénétrer
dans les rayons médullaires et les altérer.

D'après M. Foëx et ses partisans, le cep phylloxéré
ne meurt pas seulement d'inanition, mais par un
quasi-empoisonnement ! Il est évident qu'ici le mot
« empoisonnement » est pris dans un sens large, non
pour désigner la cause, mais pour indiquer l'effet ;
c'est ainsi que tous les jours nous entendons dire à
des personnes instruites, aux médecins même, au sujet de certains décès, qui proviennent, non pas assu-
rément de l'absorption d'un poison quelconque, mais
d'une décomposition qui engendre la pourriture, —
comme par exemple dans les cas de choléra, d'*anthé-
rithe enfantine* dont le germe-bacile décompose par
son action tout l'organisme, pour ne citer que ceux-
là — que les personnes, les enfants qui sont morts
de ces maladies-là, sont *morts « empoisonnés »*.

Quoi qu'il en soit, la mort de la vigne est le résul-

lat plus ou moins éloigné des piqûres du phylloxéra.
Il est difficile, jusqu'à présent, de préciser la nature
des phénomènes que détermine le terrible insecte ;
on ne peut dire laquelle des deux explications données par M. Coste et M. Foëx est la véritable. Peut-
être sont-elles vraies toutes les deux. Elles ont bien
quelques chances de l'être, puisqu'elles ne se contre-
disent pas. Il se peut très bien, en effet, que les piqûres du phylloxéra, en produisant les renflements
et les nodosités des racines, arrètent une partie de
la sève et corrompent le reste, en occasionnant sur
tous les points des racines une désorganisation qui
entraîne à bref délai la mort comme conséquence.

De tous ces débats scientifiques, il suffit au vigneron de retenir que les *renflements* des radicelles, les
nodosités ou *tubérosités* des racines et du tronc sont
dus à l'action du phylloxéra et qu'ils seront sûrs de
de sa présence quand leurs vignes offriront ces
tristes symptômes du fléau.

B. Symptômes externes.

Dépérissement graduel de la vigne et taches
phillocériques.

Mais, il faut bien le reconnaître, les symptômes
internes dont nous venons de parler, tout concluants
qu'ils soient pour faire constater que la vigne est ou
n'est pas phylloxérée, ne sont pas d'ordinaire ceux
qui donnent l'éveil et signalent la maladie. Si nous
avons commencé par les exposer, c'est pour suivre

l'ordre suivant lequel le petit insecte opère ses ravages.

Ce sont les *phénomènes qui se produisent au-dessus du sol* qui amènent le vigneron inquiet à déchausser sa vigne et à chercher dans le sol ces renflements phylloxériques qui confirment ses craintes en établissant d'une façon péremptoire que le dépérissement de la vigne est bien dû à son terrible ennemi et non pas aux maladies déjà connues.

Ces symptômes extérieurs qui révèlent tout d'abord le caractère particulier de la maladie sont donc le dépérissement graduel et sensible du cep et les taches phylloxériques.

1. Dépérissement de la vigne occasionné par l'attaque du phylloxéra.

On s'explique assez facilement quels peuvent être à l'extérieur les résultats des lésions produites sur les racines par le féroce puceron. Cependant, voyons-le à l'œuvre sur une vigne aussi jeune et aussi vigoureuse qu'on puisse la souhaiter, et dans un terrain aussi riche qu'on le puisse supposer ; nous ferons mieux comprendre par quelles tristes et diverses phases passe la malheureuse vigne qui est attaquée.

Rien de plus triste et de poignant que ce spectacle d'une vigne aux prises avec les phylloxériens : on dirait une ville du Moyen-Age entourée et pressée de toute part par de puissants, inexorables et incalculables ennemis, qui lui coupent les vivres, ferment toutes les communications, interceptent tous les secours et déterminent dans la cité une famine qui va croissante de jour en jour, jusqu'au moment où cette ville, si fière naguère de ses richesses et de ses productions, n'offre plus qu'une ruine silencieuse et désolée.

Evidemment, comme pour cette cité féodale, la durée de la résistance de la vigne peut varier suivant la nature et les accidents du terrain, le nombre de ses ennemis, l'ancienneté et la force de leurs attaques et celle de la résistance que sa vitalité peut leur opposer. Néanmoins, si nul secours du dehors ne vient à son aide, voici les terribles phases par lesquelles cette vigne, jeune et opulente, passe de l'extrême force à la dernièrne des faiblesses, de la fécondité à la stérilité, de la vie à la mort :

Dans la *première phase* de cette lutte pour la vie entre la vigne et le phylloxéra, l'insecte, qui est tout nouvellement arrivé, s'attaque, comme nous le disons plus haut, au chevelu, et coupe ainsi les vivres à la vigne. Celle-ci continue pourtant à vivre à l'aide de la sève acquise et de celle qu'elle peut encore tirer du sol, parce qu'il lui reste encore de vieilles racines cachées que l'animal n'a pas encore attaquées.

Rien ne décèle au dehors la lutte engagée ; rien ne signale à l'extérieur le péril de la vigne ; le mal est à l'état latent. Le cep vit donc encore, mais ne se développe plus ; il a peine à pousser des sarments dont les extrémités dessèchent bientôt. Si l'on déchausse le pied de la vigne on y voit que le phylloxéra, qui s'y rencontre en assez grande quantité, a

presque attaqué sinon détruit toutes les radicelles.
La récolte de l'année est cependant nourrie tant bien
que mal, plutôt mal que bien, suivant la saison ; mais
à l'automne les feuilles jaunissent et tombent préma-
turément. C'est la *période de l'investissement*.

La vigne entre alors dans une *seconde phase* qui
serait caractérisée (1) par la destruction complète du
chevelu ou les radicelles et par l'attaque des grosses
racines. Elle donne bien au printemps des bourgeons
qu'elle pousse par ses forces acquises, mais ses sarments s'allongent démesurément, comme ces pauvres
poitrinaires chez lesquels tout semble s'effiler, gran-
dir, tout d'un coup, vers leur dernier soir. Mais cette
croissance exagérée s'arrête vers le milieu de l'été ;
les feuilles, qui semblent rouillées, se contournent
sur les bords et tombent à la fin de cette saison ; les
raisins ne peuvent mûrir complètement ou mûrissent
avec peine, même avec le secours d'un été très chaud.
Les radicelles pourrissent à l'entrée de l'hiver, les
vieilles racines sont gâtées à leur tour et offrent des
nodosités d'un marron foncé, puis noirâtre, suivant
que la maladie est plus ou moins ancienne ; le bois
des grosses racines prend une teinte violacée. C'est
la *période de l'assaut général* qui précède, pour une
cité comme pour une vigne, la deuxième et dernière
phase.

On assiste pendant cette période que j'appellerai la
période aiguë, la *période de la conquête* de la vigne

(1) Chauzit, ouvrage cité, p. 25.

par son ennemi, à un phénomène curieux. Comme cette ville investie, qui rassemble ses dernières ressources et cherche dans tous les éléments une nourriture qui puisse prolonger, à n'importe quelle condition, une misérable vie et multiplier ainsi les chances de son salut, la vigne infestée semble vouloir concentrer toute sa résistance sur le tronc et rassembler toutes ses forces sur ce point. Aussi bien, le tronc lui reste-t-il seul encore pour vivre, puisque radicelles et grosses racines sont gâtées. Ce tronc se crée donc de nouvelles racines ; mais le phylloxéra implacable, que les radicelles ne nourrissent plus, se rue sur les dernières ressources de la vigne agonisante et ne les quitte que lorsqu'il ne lui reste plus une seule racine saine. Comme ces misérables, que Victor Hugo jadis et M. Drumont naguère flétrissaient, et qui ne quittent le champ de bataille que lorsque le dernier soldat a été fouillé et qu'il n'y a plus rien à enlever que les cadavres dépouillés de nos héros ! Dans cet état, la vigne ne pousse plus que de courts sarments et ne donne plus de fruits. Sa mort ne se fait pas attendre longtemps....

Telles sont les terribles phases de cette lutte pour l'existence qu'une vigne abandonnée soutient toujours à son détriment, et qu'une vigne secourue même soutient encore inégalement contre le phylloxéra !....

On comprend qu'il n'est guère possible d'assigner une durée quelconque aux phases que nous venons de décrire. Comme nous le disions plus haut, cette durée dépend nécessairement de la nature et de la richesse du sol, de la vigueur de la vigne, du nombre des insectes, etc. On a calculé (1) que dans un sol de richesse moyenne, sous une température ordinaire, quand le phylloxéra est déjà depuis quelque temps dans un pays, les trois phases s'accomplissent entièrement dans l'espace de trois ans.

Si le sol était argileux, pauvre, ces phases se présenteraient en deux ans au plus. Au contraire, si le terrain était sablonneux, comme quelques-uns des nôtres, les vignes pourraient vivre plus longtemps et résister au phylloxéra pendant quatre ou cinq ans peut-être.

De fortes fumures et l'emploi d'insecticides énergiques peuvent encore retarder le dénouement fatal. Il ne faut pas trop compter sur l'état de température des vignobles. Certains vignerons se persuadent aisément et s'en vont répétant que les vignobles d'Huriel ne craignent rien des attaques du phylloxéra, parce qu'ils sont trop froids ! C'est encore là une des illusions que les nouveaux ravages de l'insecte à Marignat devraient enlever à tout jamais, si elles n'étaient pas déjà tombées devant les affirmations des délégués du ministère de l'agriculure et de la commission pour le phylloxéra. Toutes ces causes peuvent à la vérité gêner son action et rendre l'heure de la ruine moins proche, mais nous n'hésitons pas à dire qu'à moins de précautions et de soins multiples et de *sérieux*

(1) Chauzit, ouvrage cité.

traitements, un vignoble attaqué est un vignoble condamné d'avance à une ruine prochaine autant que certaine !

Entre la vigne et le philloxéra, c'est un duel à mort. Si le vigneron ne parvient pas à donner la mort à l'indomptable insecte, celui-ci la donnera infailliblement à sa vigne.

2. *Propagation des ravages.*

Si encore la terrible maladie pouvait être circonscrite dans les limites étroites du journal de vigne, il serait facile de s'en débarrasser. Mais ce qui la rend plus redoutable, c'est qu'elle est contagieuse. Elle se communique aux vignes des environs et détermine plusieurs foyers qui peuvent en très peu de temps ruiner toute une province.

Oui, la maladie causée par le phylloxéra est contagieuse, et cela de deux façons :

Par l'invasion des phylloxéras aptères ;

Par les essaimages des phylloxéras ailés.

a. Propagation des ravages par *l'invasion des phylloxéras aptères.*

On a trop souvent considéré les essaimages comme l'unique cause de la propagation de la maladie phylloxérique. C'en est peut-être la cause principale ; mais la ruine des vignobles voisins, par l'invasion des insectes aptères, ne peut pas être niée ni passée sous silence, quand l'on veut indiquer avec précision tous les modes de propagation du fléau.

En effet, quand les phylloxéras aptères ont épuisé une vigne, ils envahissent les vignobles voisins, à la recherche d'une nourriture plus fraîche, plus succulente qu'ils ne trouvent plus sur les premiers ceps épuisés par une génération précédente (1). Pour cette invasion, toutes les routes leur sont bonnes. La dangereuse bestiole n'a pas besoin de routes nationales : les fissures ou crevasses naturelles du sol, les trous de vers, les petits tunnels laissés par les racines desséchées, la surface du sol même, dont les aspérités n'arrêtent pas leur course et sur lequel ils cheminent pendant qu'il fait chaud : tout cela facilite l'invasion des vignobles voisins. Les phylloxéras ont ainsi franchi des espaces relativement considérables, traversé les routes et les chemins. Quand il arrive de trouver des ceps morts sous l'action de l'indomptable puceron, dont les racines ne contiennent cependant aucun insecte à l'état aptère, c'est que ce dernier a laissé derrière lui les ruines qu'il a faites et au milieu desquelles il ne peut plus vivre pour aller chercher sa nourriture dans une vigne jeune et vigoureuse, comme ces pasteurs nomades qui promènent leurs troupeaux dans une province à mesure que les pacages sont épuisés.

Sans doute ce premier mode de propagation du fléau est plus lent que celui dont nous allons parler et qui résulte de l'essaimage des insectes ailés, mais

(1) M. Lichtemtein et tous les entomologistes qui se sont occupés de l'histoire naturelle du phylloxéra.

on conçoit qu'il concourt énergiquement à la destruction d'un vignoble ainsi attaqué de toutes parts,
sur le sol et en dessous, et par des ennemis qui descendent de son feuillage, et qui montent par les racines.

Il ressemble alors à la ville qui succombe sous
l'assaut et la sape de ses ennemis et, de même que
les fortes murailles d'un terrain granitique opposent
à la sape d'un adversaire des obstacles sérieux qui
retardent la prise d'une cité, de même il est bon de
remarquer que la nature du terrain a sur la propagation de la maladie phylloxérique une très certaine
et très grande influence. Il est évident, par exemple,
qu'un sol la favorisera d'autant plus, qu'il possédera
davantage de vides dans son intérieur, et qu'ainsi
un sol argileux ou argilo-calcaire facilitera la marche
des insectes, tandis que les sols sablonneux, qui ont
pour spéciale propriété de se bien tasser, offrent un
sérieux obstacle aux marches souterraines du phylloxéra. M. Chauzit pense même que c'est pour cette
raison que les vignobles plantés dans les terrains sablonneux sont plus fertiles et plus prospères que les
autres.

Le terrible fléau se propage donc, d'abord, de
proche en proche, par l'invasion souterraine du phylloxéra aptère.

b. Propagation des ravages *par les essaimages des*
phylloxéras ailés.

La maladie se propage encore et surtout au loin

par les essaimages des phylloxéras ailés qui, selon l'expression du Dr Crolas, quittent les vignes déjà attaquées comme un essaim d'abeilles abandonne une ruche trop pleine.

La tache phylloxérique.

Ainsi une vigne se trouve envahie et par les insectes aptères et par les insectes ailés. Leur action désastreuse se fait bientôt sentir à l'extérieur et la vigne naguère si belle forme au milieu des vignobles qui l'entourent une tache que l'on nomme *tache phylloxérique*. Les ceps du milieu sont d'ordinaire plus malades que les autres, parce qu'ils sont attaqués depuis plus longtemps et par des animaux plus nombreux. Ils meurent avant les autres. A mesure qu'on s'en éloigne on retrouve la vigne mieux portante. Cette tache, que M. Gaston Bazille a fort judicieusement comparée à une *tache d'huile*, s'en va s'élargissant dans ces vignobles abandonnés à eux-mêmes; et quand elle est assez visible pour être remarquée de tout le monde, c'est une preuve que la maladie qui l'a produite est ancienne et qu'elle en est au moins à la deuxième, sinon à la troisième phase que nous avons décrite précédemment. On en peut conclure aussi dans ce cas que les essaimages ont eu lieu et ont dû porter à côté les germes de la maladie, de telle sorte que si la première tache embrasse quelques centaines de souches, on peut, sans les voir, affirmer l'existence de taches plus récentes dans le voisinage.

Et voilà précisément ce qui justifie nos tristes appréhensions au sujet de nos vignes phylloxérées de Marignat dont l'état de souffrance annonce non seulement que la maladie remonte à quelques années, mais que des essaimages ont dû avoir certainement lieu dans les environs.

Et si maintenant nous supposons plusieurs de ces taches phylloxériques placées en divers endroits d'un grand et beau vignoble comme le nôtre, il est facile de comprendre de quelle immense ruine est menacé notre pays. Car en vertu de leur tendance à s'élargir toujours, il est à craindre qu'un jour les taches diverses se rejoindront pour se confondre en une seule et immense tache qui s'étendra sur Huriel, Domérat, Lachapelaude, comme un vaste manteau de deuil qui attestera votre désolation, votre ruine et vos misères communales.

Il semble que nous en avons dit assez sur les *symptômes extérieurs* et *internes* qui signalent la présence du phylloxéra et le font reconnaître, pour faciliter à tous sa recherche. Nous ajouterons seulement quelques conseils qui rendront ces recherches plus fructueuses, en leur enlevant tout danger. Il est bon tout d'abord de remarquer que plusieurs causes étrangères à celles qui nous occupent peuvent induire en erreur le vigneron superficiel et le tromper sur la maladie de sa vigne. Bien souvent, en effet, il surgit au milieu d'un vignoble des taches qui sont dues à certaines maladies déjà anciennes et relativement peu dangereuses. La *pourriture*, la *coulure*, l'*échaudage* des fleurs et des raisins qui sont dues à des pluies continuelles, à de brusques changements de température ou à des alternatives d'humidité et de sécheresse, à des vents desséchants ou aux insolations ; d'autres, comme le *folletage* ou *apoplexie*, la *bruissure*, la *jaunisse* ou *chlorose*, qui sont dues à des causes que l'on ne connaît pas encore complètement ; les maladies dues aux attaques d'*insectes* connus comme le *hanneton* dont la larve ou *ver blanc* fait de nombreux ravages, l'*anomala vitis*, l'*altise*, l'*attelabe*, l'*écrivain*, la *pyrale*, la *cochyle*, la *noctuelle* et l'*érinose* ; enfin les maladies cryptogamiques qui sont occasionnées par des végétaux inférieurs, des champignons, comme le *pourridié*, l'*antrachnose* ou *charbon*, l'*oïdium* et le *mildew* ou *mildiou (perenospora viticola)* : telles sont les maladies ordinaires de la vigne qui offrent avec la terrible affection phylloxérique certains caractères extérieurs semblables.

Chute des feuilles, maturité tardive des raisins, dépérissement des ceps, etc..., tout cela peut être causé par elles. Mais un examen attentif en fait vite découvrir la véritable cause et assigne bientôt à la maladie son véritable caractère.

Il est peut-être aussi très utile de mettre les vignerons en garde contre une méprise assez commune. Ils prennent quelquefois pour des phylloxéras de petits insectes jaunes très agiles et qui sautent vivement, au moyen d'un appendice caudal en forme de fourche, dès qu'on les touche. Ce sont non pas des phylloxéras mais des *podurelles*, qui vivent de détritus de végétaux et qu'il n'est pas rare de rencontrer sous les souches abandonnées par les phylloxériens, comme l'on voit dans le désert les corbeaux et autres oiseaux de proie s'abattre sur les cadavres laissés nus au milieu des sables.

Ceci posé, reconnaissons tout d'abord qu'il n'y a pas d'époque absolument fixe pour faire les recherches dans les vignes que l'on croit phylloxérées. Cependant elles se font avec moins de fruit pendant l'hiver, parce qu'en cette saison, l'immobilité, la coloration plus sombre et le petit nombre des insectes les font plus difficilement reconnaître. C'est donc au printemps qu'il convient de commencer les délicates recherches qu'on doit opérer avec des précautions de deux sortes.

Les *premières précautions* à prendre ont pour but de faciliter les recherches en les faisant exécuter dans de bonnes conditions.

Si la tache qui a donné l'alarme était très accentuée, ce qui prouverait que beaucoup de ceps sont déjà morts, il faudrait rechercher les insectes sur les souches voisines qui sont plus vigoureuses et sur lesquelles l'insecte a jeté son dévolu. Si la tache est moins ancienne, mais renferme déjà des ceps épuisés, les radicelles doivent être pourries ; il faut alors chercher le phylloxéra sur les racines et sous l'écorce du tronc en la soulevant légèrement avec l'ongle ou la lame d'un canif afin de ne pas occasionner par de brusques mouvements la chute du puceron.

Pour déterrer le cep et extraire ces racines il ne faut pas tirer dessus, car on risque alors de voir disparaître par frottement l'écorce qui est précisément la partie qu'il faut visiter ; mais on déchausse doucement une partie des racines, mettant à nu les radicelles sur lesquelles on pourra rencontrer les renflements phylloxériques. On se servira alors de ce que l'on sait sur la nature, la couleur, les transformations des insectes pour se rendre un compte exact de l'intensité de la maladie. Il sera aisé de trouver le phylloxéra qu'on voit assez facilement comme un petit point jaune, verdâtre, citron suivant son âge, et fixé sur les renflements et sous l'écorce des plus grosses racines en si grand nombre et de si multiples couleurs que les doigts deviennent jaunes en les touchant. L'œil les distingue assez bien, mais une bonne loupe ou un microscope en fait découvrir une multitude qui forment des points jaunes, verdâtres ou olive, et réunis par groupes composés parfois d'une centaine de phylloxéras par centimètre carré !

A côté de ces précautions qui ont pour but de faciliter les recherches et de les rendre plus fructueuses, il y en a d'autres que j'appellerai des *précautions de prudence*. Trop souvent les vignerons inexpérimentés abandonnent sur le sol des racines chargées de phylloxéras, d'autres emportent inconsciencieusement des insectes accrochés à leurs chaussures ou à leurs vêtements, etc. Ce ne sont pas là seulement de grossières façons d'agir, mais de graves négligences qui contribuent souvent à répandre de tous côtés un ennemi qu'il s'agit de tuer sur place.

V. Conséquences de la maladie phylloxérique et motifs de la combattre.

S'il était nécessaire de décrire le phylloxéra, sa nature, ses mœurs, pour démontrer son existence *aux vignerons incrédules* qui regardent encore aujourd'hui cette maladie comme imaginaire ; s'il était utile d'indiquer ses effets afin de permettre *aux vignerons sérieux* de pouvoir se rendre compte d'une façon certaine et commode de la présence de leur terrible ennemi, il nous semble maintenant que pour éclairer et essayer d'émouvoir comme il convient une troisième catégorie de vignerons que je nommerais *les indifférents*, il sera bon, nécessaire, utile de terminer cette première partie de notre lettre par une page d'histoire.

Que tous jettent donc les yeux sur le tableau des ravages de l'indomptable puceron qu'ils redoutent si peu !

L'exposition nationale de Paris, en 1874, offrait (1), au pavillon du Luxembourg, toute une collection d'insectes utiles ou nuisibles. Parmi ces derniers, M. Dillon montrait dans la série des animaux qui attaquent les plantes industrielles, les différents types de phylloxéra, et un tableau indiquant, par des taches rouges, la marche du terrible fléau en France. Or, en 1865, on voit un petit point rouge près de Roque-

(1) *Presse illustrée*, 1874.

maure, dans le Gard, en 1866 un autre point sur Avignon, en 1868 il y en a trois : Avignon, Orange, Arles sont atteints. Puis peu à peu les points deviennent de larges taches qui couvrent des contrées entières et s'élargissent sans cesse. Montélimar, Aix, Marseille, Nîmes, Toulon, Montpellier, Privas, Valence et les environs sont envahis peu à peu par l'épidémie qui, en 1874, couvre depuis Vienne au Nord, jusqu'à Cette à l'Ouest, Marseille au Midi et Draguignan à l'Est.

Et depuis 1874, que de nouveaux et incalculables ravages !

Aujourd'hui le centre est envahi. Autour du département de l'Allier, les arrondissements de Bourges, de Saint-Amand, de Sancerre, dans le Cher ; de Nevers et de Cosne, dans la Nièvre ; de Clermont et d'Issoire, dans le Puy-de-Dôme, et tout le département de l'Indre sont phylloxérés 1). L'Alsace-Lorraine est attaquée au nord ; au sud, l'Algérie, cette seconde France dont les beaux vignobles étaient naguère encore notre espérance et qui devaient fournir assez de vin pour compenser en partie le déficit de la production nationa'e française, l'Algérie vient d'être envahie par le terrible puceron qui passe maintenant la Méditerranée comme il a franchi l'Océan Atlantique. Les journaux (2) nous apprenaient l'année dernière

(1) *Journal officiel,* qui a publié un décret aux termes duquel *174 arrondissements* de France sont déclarés phylloxérés. — *Centre,* mardi 2 août 1887.

(2) *Soleil,* 16 juillet 1886.

que le phylloxéra venait de faire son apparition dans les vignobles de la ferme Legain, à six kilomètres des Trembles, territoire de Zeliffa, dans l'arrondissement de Sidi-Bel-Abbès. Le nombre des insectes, le développement rapide de la tache phylloxérique permettaient de supposer que le mal était là à l'état latent depuis quelque temps. Le vignoble n'était planté que depuis une vingtaine d'années et se trouvait en plein rapport. Depuis (1), nous savons que le gouverneur général a déclaré atteints du phylloxéra les vignobles situés à Tlemcen et à la Calle. Cette dernière région n'est envahie que depuis quelques mois et on y a déjà signalé un grand nombre de taches !

L'Espagne et l'Italie sont en ce moment à la merci du fléau. L'Autriche (2) lui dispute ses vignes par des traitements énergiques et par des essais continuels qui n'ont point encore donné de résultats appréciables.

L'Allemagne est à son tour envahie. La *Gazette de Francfort* du 2 août nous dit que c'est dans le Rheinghau que le phylloxéra a fait son apparition. Les ceps des vignes de la banlieue de Biebrich sont infestés. La commission d'examen du phylloxéra a fait fermer le jardin de M. Cahu, dans lequel la présence du terrible insecte a été constatée. Mais, malgré les mesures qu'on a prises pour empêcher la

(1) *Centre*, 5 août 1887.
(2) *Centre*, 19 décembre 1886.

propagation du fléau, malgré l'activité des quatre commissions du district de la Nahe et des viticulteurs de celui de Kreuznach, le phylloxéra gagne chaque jour du terrain.

Et il en est ainsi de la plupart des états d'Europe qui luttent pour sauver les derniers restes de leurs vignobles ! Et nous, alors qu'il en est temps encore, nous ne défendrions pas les nôtres ! et nous assisterions, impassibles, indifférents, les bras croisés, à cette lutte entre nos vignobles qui font notre richesse et leur plus terrible et plus implacable ennemi ?

Eh bien ! du moins, réfléchissons à l'avance aux désastres dont notre inertie et notre coupable indifférence seront causes.

Après avoir suivi des yeux, sur la carte de France et d'Europe, l'envahissement progressif et effrayant des phylloxériens, examinons non plus *la carte* de France, mais sa *bourse*. Voyons les maux que le phylloxéra a causés à sa fortune, et nous comprendrons quelque chose de l'irréparable ruine dont vos petites fortunes particulières, chers vignerons, sont menacées.

Quand on étudie les conséquences des ravages du phylloxéra sous ce rapport, on reste épouvanté au point de donner raison à un publiciste qui disait (1) : « que l'invasion du terrible petit insecte avait fait matériellement plus de mal à la France que l'invasion prussienne ! »

(1) M. H. de Kérohant. *Soleil*, 12 mars 1886.

Elle a, en effet, anéanti une plus grande somme de richesses. Notre pays ayant perdu ou allant perdre, peut-être, ses millions d'hectares de vignes.

La vigne occupait en France, avant l'invasion phylloxérique, une surface de 3,915,968 hectares, et c'est à peine si aujourd'hui un million cinq cent mille hectares sont indemnes.

En 1885, M. Chauzit traçait un effrayant tableau de cette situation critique. D'après le savant rapport de M. Tisserand (1), directeur de l'agriculture, il établissait que sur les 3,915,968 hectares de vignes françaises, 2,415,986 hectares ont été attaqués. On le voit, c'était les 2/3 à peu près des vignobles nationaux.

Au 1er octobre 1882, 420.696 hectares de vignes étaient complètement détruits et n'avaient pu être reconstitués ; il restait 1,915,290 hectares attaqués qu'on disputait au phylloxéra.

Depuis quatre ans, le fléau a fait de nouveaux ravages ; on a bien reconstitué certains vignobles détruits et ajouté aux 343,603 hectares de vignes reconstituées en 1882 quelques centaines d'hectares, mais aussi il a fallu ajouter aux hectares perdus qui se montaient à 420,696 en 1882, et à 762,799 en 1885, plusieurs centaines d'hectares qui ont été tout à fait détruits.

On calcule qu'annuellement le phylloxéra détruit

(1) Lu à la séance du 19 janvier 1882 de la commission supérieure du phylloxéra.

entièrement environ 100,000 hectares de vignes et en compromet 60 à 80,000.

Donc il faut conclure que la perte subie chaque année pour la production nationale est énorme et qu'elle fait justement naître de terribles appréhensions pour l'avenir viticole de la France, si l'on considère que des milliers de vignobles qui ne sont pas totalement ravagés sont aujourd'hui profondément atteints et insuffisamment secourus.

Et maintenant, n'est-il pas vrai, insouciants vignerons, que la cruelle éloquence de ces chiffres officiels nous enlève vos dernières illusions !

Et que serait-ce s'il vous était donné de jeter les yeux, non pas seulement sur la fortune nationale, mais sur les fortunes particulières ! S'il vous était donné de compter les nombreuses ruines que le terrible fléau a multipliées de tous côtés. Vous n'auriez qu'à parcourir les villages désolés du Midi ou des Charentes pour entendre des plaintes de tous côtés, pour comprendre que l'économie, la parcimonie et la misère se sont assises à tous ces foyers. Ce ne sont plus seulement les gros propriétaires qui se plaignent que leurs revenus sont réduits à rien, mais c'est la multitude des petits propriétaires que le produit de quelques journaux de vignes mettait dans le bien-être et dans une bourgeoise aisance, qui sont obligés d'assurer leur existence et celle de toute leur famille en dehors de leur petit bien qui est déjà vendu.

Mais hélas ! je rougis d'être obligé de l'avouer,

ce triste spectacle des misères de nos frères du Midi ne nous touchent pas assez. Combien de natures égoïstes que n'ébranlent pas les ravages si lointains, et que n'émeuvent pas les douleurs et les souffrances des membres si éloignés de la grande famille Humaine. Oui ! avouons-le à notre honte, nous ne sommes touchés que de nos propres maux et le triste et lamentable écho des misères de nos voisins est impuissant à nous tirer de l'égoïste jouissance de notre bien-être relatif. Oui ! nous avons rencontré avec douleur certains vignerons nous dire : « Bah ! vous vous exagérez le danger ; tout n'est pas perdu ; *le phylloxéra s'en ira bien comme il est venu ;* ce n'est pas la peine de tant s'inquiéter ; il faut un peu le voir faire, et puis ensuite... nous verrons ! » Triste et criminel langage ! Les voilà bien, les insouciants ! Ils *veulent voir* ; c'est tout ce qu'ils sont disposés à faire ; non pas agir, mais voir ! Eh bien ! nous craignons qu'ils ne voient que ce qu'ont déjà vu les habitants des 173 autres arrondissements de France, le phylloxéra d'abord, la ruine ensuite.

Il faut qu'ils apprennent, ceux-là, que le terrible puceron *ne s'en va pas comme il vient,* car quand il vient, c'est que les vignobles sont une richesse pour un pays, et quand il s'en va, c'est que ces vignobles n'existent plus ; et ils emportent avec eux la richesse du pays. Ils viennent en mendiants qui trouvent une riche maison sur leur chemin et s'en vont comme des voleurs chargés d'un riche butin, laissant la maison vide et en ruine. — Vous voyez bien que le phylloxéra ne s'en va pas comme il vient !

Eh bien ! à ces vignerons égoïstes que la vue des maux dont ils sont menacés émeut seule, nous dirons : « Sortez donc de votre indifférence en pensant du moins à vous ! »

L'an passé, la tache phylloxérique du Grand-Marignat, à Huriel, était au mois de mai (1) d'une importance relativement minime. En 1885, elle couvrait d'une façon apparente *10 ceps au plus*. En 1886, elle en couvrait *90*. Mais ces 90 souches furent jugées par M. le professeur en si mauvais état, qu'après les expériences de traitement, on les arrachait. La tache que formaient au milieu de la verdure les ceps mourants s'arrêtait assez brusquement. Sur son bord, les racines, les souches portaient de nombreux insectes ; mais on pensait qu'à 4 ou 5 mètres de là, les souches n'étant pas atteintes, le mal était circonscrit dans un étroit périmètre !

On sait que grâce à l'intelligente initiative prise par plusieurs vignerons, parmi lesquels M. Jouffroy citait M. Gilbert Bergerat, du village de Beaumont, ce centre d'invasion était connu. M. le Maire s'occupa de suite des mesures à prendre pour lui faire subir le traitement convenable. M. le professeur d'agriculture de Moulins vint plusieurs fois parmi nous et multiplia ses conseils et les expériences. Après plusieurs traitements faits sous sa direction et d'après ses indications, plusieurs pensèrent que tous les ravages de l'indomptable puceron ne s'étendraient

(1) *Centre*, 27 mai et 18 août 1886.

pas plus loin... Et voilà qu'aujourd'hui, au milieu de l'année 1887, la tache phylloxérique ne s'étend plus sur *trois ou quatre ares* seulement, mais sur *quatre-vingts !*

Et pourtant, bien des précautions avaient été prises !

On avait traité, par précaution, une zone de 20 ares dans l'espoir de mettre sous le coup des insecticides (1) tous les phylloxéras situés dans le premier centre d'invasion.

Et maintenant le mal a franchi ce cordon sanitaire que la prévoyance de M. Jouffroy avait tracé autour du faible foyer de la maladie.

Un second traitement ayant été appliqué dix-huit jours après le premier, afin d'atteindre les insectes nouvellement nés qui auraient résisté dans leurs œufs au premier traitement, on pouvait croire qu'il ne restait pour ainsi dire plus de phylloxéras ni d'œufs dans la tache d'Huriel.

Malgré ces sages précautions du professeur de l'agriculture, eh bien ! non seulement ce centre est encore aux prises avec ses anciens ennemis, mais cet indomptable insecte, que les nombreuses recherches n'avaient pu découvrir l'an passé à quatre ou cinq mètres du premier foyer, exerce maintenant ses ravages à 100 mètres de là !

Les vignes des sieurs Dubreuil, Bergerat Gilbert,

(1) *Centre*, 18 août. Compte rendu du Bulletin de la Société d'agriculture de l'Allier.

Aufaure Jean, Guillemonat, en sont infestés ; et aujourd'hui des bruits inquiétants viennent de Lacroze, de Sales, etc., nous faire craindre (1) que d'ici quelque temps de nouveaux foyers de la maladie se ne manifestent de tous côtés et que, d'après les lois dont nous avons parlé, elles n'attaquent l'an prochain plusieurs hectares, et ainsi de suite jusqu'au dernier cep de la vigne, comme dans l'incendie d'un domaine couvert en chaume, des gerbes de flamme jaillissent de différents endroits pour se réunir en une seule et lugubre flambée qui dévore la toiture et consomme la ruine de la maison.

Et qui donc osera dire qu'alors la ruine ne sera pas complète ! Que deviendront ces pauvres vignerons qui, ces dernières années, ont consacré toutes leurs économies à acheter à leurs propriétaires les vignobles qu'ils cultivaient depuis longtemps ; que deviendront surtout ceux qui ont emprunté pour payer fort cher, d'ailleurs, des journaux de vignes qui les nourrissent aujourd'hui en leur rapportant à peu près l'intérêt du capital engagé, parce qu'ils les

____

(1) Ces tristes prévisions se sont réalisées. *D'après les sérieuses recherches pratiquées depuis le 23 jusqu'au 27 août dernier, il est acquis aujourd'hui que plus d'un hectare est contaminé.* Parmi les propriétaires dont les vignes sont phylloxérées on peut citer : Aufaure Jean, de Lacroze ; Guillemonat Pierre, Dubreuil Pierre, Bergerat Gilbert, Michaut Joseph, Laléchère Etienne, Brandon Nicolas, de Beaumont ; Duplaix, de Juille ; Brandon François, de Prunet ; Madame Gaby, d'Huriel, etc.

cultivent eux-mêmes, mais qui, demain, ne suffiront pas peut-être à faire vivre la moitié de la famille.

O vignerons indifférents ! réfléchissez à cela et demandez-vous si votre quiétude, votre inaction présente n'est pas aujourd'hui quelque peu coupable et si elle ne serait pas criminelle demain !

LES REMÈDES

Dans cette seconde partie de notre lettre, nous ne nous adressons plus aux vignerons que la vue des premiers ravages du phylloxéra dans le clos du Grand-Marignat ne peut tirer de leur *incrédulité* et de leur *scepticisme*.

Nous ne nous adressons pas davantage à ces malheureux *indifférents* que le spectacle des désastres causés partout par la maladie qui les menace d'une ruine complète ne peut tirer de leur indolence et de leur inaction.

Nous pensons en avoir dit assez pour ouvrir les yeux des uns et secouer la paresse et l'indifférence des autres.

Maintenant, nous voulons consacrer la dernière partie de cette longue causerie à ces braves et honnêtes vignerons qui se préoccupent, à si juste titre, de cette nouvelle et terrible maladie des vignobles et cherchent sincèrement des remèdes à lui opposer.

Ces chers vignerons ne savent que faire en présence du fléau ; ils ne savent quels moyens prendre pour le combattre efficacement, et, dans leurs doutes sur l'efficacité des moyens qu'ils ont entendu proposer, il restent, eux aussi, dans une funeste inaction, non plus par incrédulité ou insouciance, mais par désespoir.

C'est donc à ceux-là que nous nous adresserons en leur disant : Nous vous avons fait connaître le mal, l'imminence des dangers qu'il peut faire courir à la prospérité de cette commune et à vos personnelles épargnes ; il est temps de vous montrer maintenant : 1° que le vignoble peut être sauvé, parce qu'il y a des remèdes à la terrible maladie phylloxérique ; 2° qu'il est de votre intérêt de les employer.

Oui, il existe des remèdes contre ce terrible mal ; mais avant d'indiquer à nos vignerons les remèdes qui leur permettront de *sauver* ou de *reconstituer* leurs vignes attaquées ou détruites, il nous semble utile de diviser les remèdes en deux catégories :

1° Les remèdes qu'il ne faut même pas essayer d'employer, parce qu'on peut les regarder très judicieusement comme insuffisants et inefficaces ou impraticables chez nous ;

2° Les remèdes qu'on peut employer, parce qu'ils sont efficaces et pratiques.

Nous parlerons d'abord des premiers, autant parce qu'il est bon de savoir ce qu'il a été fait pour sauver la vigne, que pour mettre en garde nos vignerons contre des tentatives et des essais qui demanderaient de grandes dépenses d'argent et de temps sans donner aucun bon résultat.

I. Remèdes qu'il faut regarder comme insuffisants ou impraticables.

A. Remèdes insuffisants.

Dès qu'on eut découvert le phylloxéra et constaté la nature et la gravité de ses ravages, on s'est de suite préoccupé des moyens à employer pour le détruire.

Et dans ce but on expérimenta contre lui tous les remèdes dont l'efficacité était reconnue contre les autres maladies de la vigne.

Rien ne réussit tout d'abord, au point que le mal se propagea pendant que l'on cherchait vainement un moyen infaillible de le combattre.

Depuis l'invasion on a proposé plus de 7,000 procédés qui, suivant leurs inventeurs, devaient tous produire des effets merveilleux. — Que de gens ont pensé recevoir (1) enfin les récompenses promises à un remède efficace !

Sans parler de tous ces procédés « dont le moindre défaut, dit le Dʳ Crola, était de tuer la vigne avant l'insecte, d'être très couteux et inoffensifs pour le phylloxéra » ; sans parler de ceux qui n'avaient d'autre but que d'abuser de la crédulité du vigneron, nous dirons quelques mots de ceux que peuvent encore

(1) En 1872, le gouvernement offrait pour la destruction du phylloxéra un prix de 20,000 fr.; la Société d'Encouragement 2,000 ; les départements 1,000, etc.

tenter les vignerons par leur ancienne réputation ou
le peu de dépenses qu'ils exigent, mais au sujet desquels il leur est utile d'être éclairé. Parmi ces remèdes insuffisants ou inefficaces, nous trouvons tout
d'abord :

a. Les procédés culturaux.

Ces procédés, qui furent les premiers employés,
consistaient à donner à la vigne atteinte des façons
culturales plus nombreuses. En permettant ainsi aux
racines de se développer, on laissait à la souche le
temps de refaire son système radiculaire au fur et à
mesure que l'insecte le détruisait ; mais c'était toujours à recommencer et le petit animal, se multipliant
plus que les radicelles, restait en définitive le maître
du champ de bataille.

Le *tassement* du sol préconisé par d'habiles viticulteurs ne parvenait pas à empêcher complètement
l'air d'arriver jusqu'à l'insecte qui trouvait toujours
assez d'oxygène pour vivre sous ce tassement. Sa
mise en pratique offrait d'autre part de sérieuses
difficultés.

b. Les procédés d'éloignement ou de dérivation.

On les nomme ainsi, parce qu'ils ont pour but, non
de tuer l'insecte, mais de l'éloigner. M. Lichtemtein
avait tout d'abord préconisé ces sortes de procédés
pour se défaire du phylloxéra (1). Il enfouissait à

---

(1) Rapport de M. Lichtemtein. — Exposition de 1874,
à Paris.

0,10 ou à 0,15 centimètres sous terre les sarments sur lesquels se développaient les radicelles afin d'y attirer par l'appât d'une nourriture plus succulente les insectes qu'il jetait alors au feu. Les viticulteurs qu'il cite, MM. Pommier-Layrargues et Edmond Castelnau, ont bien pu constater sur leurs provins enfouis au mois de juin d'innombrables légions de tout petits phylloxéras, mais ce qu'il y a de certain, c'est qu'ils n'ont pu par ce moyen — un peu trop primitif, il faut l'avouer — préserver leurs vignobles des ravages du fléau.

On espérait détourner le phylloxéra par des plantations intercalaires de tabac, de chanvre, de valériane, de luzerne, de maïs, etc , sous prétexte que quelques-unes de ces plantes nuiraient à l'insecte par leur odeur désagréable ou l'attireraient en lui offrant des racines plus tendres qu'il préférerait. Toutes ces expériences n'ont donné jusqu'ici aucun bon résultat et il est à craindre que la Croatie (1) et certaines autres régions de l'Autriche (2) qui plantent maintenant du maïs dans leurs vignobles phylloxérés perdent ainsi en expériences inutiles un temps qu'elles feraient mieux d'employer en traitements énergiques.

Et la raison de cet insuccès, qui condamne par conséquent toutes les tentatives qu'on pourrait faire pour placer entre les ceps certaines plantes dont les

---

(1) Les journaux du mois de décembre 1886.
(2) *Centre*, 19 décembre 1886.

racines seraient préférées à celle de la vigne, est fort simple. Le phylloxéra, de l'aveu de tous les entomologistes et de tous ceux qui ont étudié (1) cette question, est *monophage*, et il ne vit que sur les racines des végétaux appartenant au genre *vitis*.

c. *Les procédés préventifs.*

Ils consistaient à assimiler la maladie phylloxérique à une maladie cryptogamique ; c'était là une erreur. Aussi a-t on remarqué autant de différence dans les résultats qu'il y en a dans les maladies. On a dû abandonner tout traitement préventif fait à l'aide de poudre ou d'autre matière sur le cep, mais on a multiplié les essais pour empêcher le phylloxéra de parvenir, en suivant le collet de la souche, jusqu'aux racines ; et, pour préserver certains vignobles, les viticulteurs d'un certain renom avaient tout d'abord appliqué au pied des souches du goudron, de la naphtaline, de la suie, du sable. Mais aucun résultat sérieux n'a confirmé les espérances qu'on fondait, il y a quelques années, sur ces moyens ; et l'on sait que, quand bien même on parviendrait à défendre le collet de la souche et à s'opposer ainsi au passage des générations du phylloxéra ailé, l'insecte peut se reproduire à l'aide de ses individus aptères. Enfin, c'est tout au plus si ces procédés dispendieux peu-vent contrarier la descente du produit des œufs d'hi-ver sur les racines.

(1) Chauzit, ouvrage cité, p. 33.

Les seuls procédés préventifs efficaces seront l'application anticipée du traitement par les sulfures dont nous parlerons plus loin.

d. Les fumures extraordinaires.

Dans la pensée que la faiblesse d'une vigne phylloxérée a besoin d'être secourue, on a été conduit à déposer au pied des ceps des fumures extraordinaires. Tout en reconnaissant qu'elles peuvent être nécessaires dans certains cas et qu'elles peuvent entrer, comme nous le démontrerons, dans le régime à faire subir à une vigne attaquée, il faut tout de suite convenir qu'elles ne peuvent faire vivre la vigne, ni cautériser les blessures mortelles causées par l'impitoyable bestiole.

Les engrais peuvent donc, dans certaines conditions, prolonger l'existence de la vigne en lui fournissant les éléments d'une plus longue résistance ; mais, qu'on le sache bien, employés seuls, les engrais ne peuvent ni préserver ni sauver une vigne phylloxérée.

e. Les insecticides en général.

En cherchant les moyens de détruire le terrible aphidien, on a été conduit naturellement à inventer des insecticides de toute nature.

La commission du Mas de Las Sorrès, de Montpellier, puis celle du phylloxéra ont fait complète justice de tous ces procédés plus malfaisants pour la vigne que pour les insectes.

Seul, l'emploi comme insecticide du sulfure de carbone et du sulfo-carbonate de potassium donne de bons résultats. Nous les ferons connaître plus loin en parlant des traitements efficaces.

Disons seulement ici que plusieurs causes rendent en général l'emploi des insecticides très dangereux ou très difficile. La grande profondeur à laquelle se trouvent parfois les phylloxéras et qu'il faut atteindre pour que l'opération réussisse en est une première cause. « On a vu, dit le savant professeur d'agriculture du Gard, des racines de vignes descendre à plusieurs mètres de profondeur dans le sol et porter néanmoins des phylloxéras ». Or, nous savons qu'il suffirait de quelques insectes sauvés (un seul même) pour reconstituer au bout de l'année toute la colonie et causer à tout jamais de gigantesques ruines.

La nature du sol est une seconde raison qui rend l'usage des insecticides assez difficile. Certaines terres diffusent tellement les insecticides qu'on y jette, que l'action de ces derniers ne se trouve pas assez énergique ; d'autres les décomposent par certaines combinaisons chimiques qui en neutralisent les effets.

Enfin la nature des insecticides fait pour beaucoup dans l'efficacité ou dans l'innocuité de leur emploi, comme nous l'avons dit plus haut, la plupart des insecticides ne pouvant atteindre l'insecte qu'en causant d'irrémédiables dégâts à la vigne.

B. Procédés efficaces mais impraticables pour nous.

A côté de ces procédés que nous avons désignés sous la rubrique d'insuffisants ou d'inefficaces, parce qu'on ne peut rien en attendre pour sauver la vigne phylloxérée, il en est d'autres qui, tout en étant par eux-mêmes très efficaces et tout en rendant de grands services dans le midi de la France, sont impraticables dans nos vignobles d'Huriel, de Domérat et de Lachapelaude. Nous en parlerons pourtant, afin de ne pas passer sous silence deux grands moyens qui peuvent donner de bons résultats dans certaines conditions et dont tout le monde s'entretient ou propose légèrement sans en avoir suffisamment étudié les avantages et les inconvénients. Ces deux procédés sont *l'ensablement* et *la submersion*, dont nous devons dire quelques mots.

a. Ensablement ou plantation dans les sables.

On peut dire tout d'abord que l'efficacité du sable doit être regardée comme démontrée aujourd'hui et que la pratique de l'ensablement est très recommandable quand la plantation peut se faire dans certaines conditions.

Dès que les premiers ravages du phylloxéra furent assez connus pour exciter l'attention et provoquer de sérieuses observations et des expériences, on remarqua que les vignes françaises résistaient mieux au petit puceron dans les terrains sablonneux. Dans ces milieux très riches en sable siliceux, l'insecte avait abandonné la vigne ou l'attaquait mollement. Les vignobles du littoral de la mer et ceux des alluvions siliceux des rivières offraient des cas évidents de résistance. Alors les viticulteurs plantèrent dans les sables. D'Aigues-Mortes (Gard), où elle commença à être appliquée, la méthode se propagea. Ce fut un engouement. La Camargue et les bords de la Méditerranée se couvrirent bientôt de vignes florissantes, grâce à la nature sablonneuse de leur sous-sol. L'exemple donné jadis par MM. Bayle et de Roussel est suivi aujourd'hui Et maintenant c'est un fait acquis que l'ensablement, appelé par M. F. Boyer *la submersion sèche*, constitue avec la submersion et les vignes américaines résistantes les grands moyens de sauver ou de reconstituer les vignobles français.

Quant à la cause de cette immunité phylloxérique des sables, elle n'est pas encore connue d'une façon absolument certaine. Les uns la trouvent dans ce que la mobilité des sables, l'absence de crevasses des terrains qu'ils forment et la finesse des particules qui les composent, empêcheraient le cheminement de l'insecte et paralyseraient ses mouvements. D'autres la recherchent dans ce fait que les terrains sablonneux sont pauvres en chaux, riches en chlorure de sodium et en acide phosphorique au point de nuire au phylloxéra. D'après M. Barral, la présence dans les sables d'un courant d'eau souterrain baignant le système radiculaire favorise le développement de la vigne et nuit comme la submersion aux insectes. M. Saint-André indique une cause qui

semble se rapprocher davantage de la vérité en ce
qu'elle s'accorde mieux avec ce que nous savons déjà
de la nature du fléau. Les sables, d'après lui, modi-
fieraient le système cordical et la structure des racines
qui deviennent ainsi plus ou moins susceptibles d'être
attaquées par l'insecte.

Nous avons exposé toutes ces théories parce qu'elles
peuvent jusqu'à un certain point nous intéresser,
puisque plusieurs de nos vignobles sont en terrains
sablonneux. Elles nous expliqueront du moins pourquoi dans ces sortes de terrains le phylloxéra fait
moins de ravages ou les opère plus lentement. Faut-
il conclure de cela que les vignes plantées dans les
terrains plus ou moins riches en sables des communes d'Huriel, Domérat, Lachapelaude, résisteront au
fléau ? Nous ne le pensons pas.

Sans doute, certaines vignes du Gard, de l'Hérault,
du littoral de la Méditerranée, des Landes, de la
Gascogne et là où la molasse tertiaire s'est désagré-
gée, peuvent résister et vivre plantureusement même,
parce que ces sables renferment des proportions
considérables de potasse et d'acide phosphorique ;
dans ces conditions, les récoltes sur un hectare de
vignes peuvent dépasser 200 hectolitres. Au 1ᵉʳ janvier 1884, 6,812 (1) hectares de vignes en terrains
sablonneux donnaient cette récolte dans le Gard.

Mais il faut bien le reconnaître, nous ne sommes
plus dans les conditions requises pour obtenir d'aussi

(1) Enquête dressée par M. Déjardin.

bons résultats; et l'ensablement, pour être un remède d'une efficacité incontestable, est impraticable chez nous. Car très peu de vignes sont dans des terrains riches en sable et il n'y a pas lieu de songer à mettre les autres en état de résister, car, pour réussir, il ne faudrait pas apporter au pied de chaque souche « 80 ou 100 kilos de sable seulement (1), mais remplacer complètement la terre arable par du sable pur, en un mot créer un sol artificiel à la plante », ce qui est impossible et ce qui serait d'autre part complètement illusoire, si cela était possible même, puisque les sables ne se trouvant pas dans un milieu convenable perdraient bien vite les qualités qui les rendent résistants.

b. La submersion des vignes.

Voilà encore un moyen qui donne aussi de bons résultats dans le Midi (2), mais qui est non moins impraticable chez nous que la plantation dans les sables.

Nous n'avons donc pas à nous arrêter longtemps à l'étude de ce procédé, car, nous le répétons, s'il est

(1) Le professeur d'agriculture du Gard indique ce chiffre.

(2) Parmi les départements qui emploient la submersion sur une grande étendue, M. Chauzit cite la Gironde, qui traite près de 4,000 hectares ; les Bouches-du-Rhône, environ 3,500, et l'Hérault 2,500 en chiffres ronds. Puis viennent en seconde ligne l'Aude, le Var, la Drôme et le Tarn-et-Garonne, qui submergent les surfaces variant de 100 à 1,000 hectares.

possible de dire que l'eau employée à haute dose
joue le rôle d'insecticide en asphyxiant le phylloxéra,
s'il est juste de reconnaître qu'en 1885 plus de 25,000
hectares traités par la submersion conservaient
leurs vignes intactes, s'il est à espérer même que
dans un avenir prochain les canaux d'irrigation du
Rhône et le canal des Deux-Mers projetés augmente-
ront (1) ce nombre déjà considérable d'hectares
arrachés au fléau, nous ne pouvons que nous réjouir
du bonheur de nos frères du Midi, sans l'espérer
pour nous-mêmes.

Car il est évident que, pour submerger la vigne,
— comme l'aurait dit La Monnois, qui a si irrévéren-
cieusement ridiculisé notre héros bourbonnais, le
maréchal de la Palice, et s'il est permis d'invoquer
ce souvenir en si sérieux sujet, — il faut d'abord de
l'eau, et beaucoup d'eau. Or, n'en a pas qui veut.

(1) M. Dumont, ingénieur des arts et manufactures,
professeur à l'Ecole des hautes études commerciales, a
démontré que le canal des Deux-Mers, dominant les
meilleurs coteaux des bassins de l'Aude et de la Garonne,
pourra, sans affaiblir ses conditions de bonne navigation,
envoyer de l'eau, à l'est jusqu'à Béziers et Perpignan, à
l'ouest jusqu'au fond du Médoc, et submerger ainsi par
ses propres ressources 120,000 hectares de vignes donnant des produits de premier ordre. On augmenterait
encore, suivant M. Kerohant, la superficie submergée par
l'appoint de plusieurs millions de mètres cubes d'eau
puisés dans les réservoirs sous-pyrénéens dont on pro-
jette l'exécution en vue de rendre à jamais impossible
les débordements terribles de la Garonne. (Voir *Soleil*,
13 mars 1886).

Nous sommes dans ce cas. Jamais l'eau que débitent nos petits ruisseaux réunis, la Magieure avec le Rio-Giraud et le Furgon ou Mouline et le Rio-Lebis, le ruisseau de l'étang de Bartillat, qui passe à Courtioux et à Beaumont, ne suffirait pour opérer, dans de bonnes conditions, la submersion de nos vignobles.

En effet, sachant que l'eau tue le phylloxéra en exerçant sur le sol une pression qui en chasse l'air et asphyxie l'insecte, il est évident que la submersion sera d'autant plus efficace que la colonne de liquide sera plus grande. La pratique répond sur ce point à la théorie, car on a constaté que, pour submerger efficacement les vignobles phylloxérés, il fallait en moyenne de 15 à 20,000 mètres cubes d'eau par hectare.

L'on juge de ce que coûterait un pareil traitement appliqué à quelques milliers d'hectares de vigne ! surtout si l'on remarque qu'il faudrait de fortes machines élévatoires pour amener l'eau jusque dans les divers clos du vignoble (1).

(1) On a calculé que le prix de revient de l'eau nécessaire à un hectare de vigne oscille autour de 100 francs, quand la hauteur à laquelle il faut l'élever n'excède pas 5 mètres. M. le professeur d'agriculture du Gard, pour établir ce chiffre, prend en considération les frais de premier établissement qu'on peut amortir dans 10 ans et les frais annuels, tels que dépenses de charbon, soit 3 kil. par cheval et par heure, les frais de conduite et de réparation des machines ; il faut tenir compte des fumures, qui ont pour but, d'une part, de parer aux pertes que le

Et quand bien même l'eau serait assez abondante pour être maintenue en nappes régulières et constantes de 0,20 à 0,30 centimètres d'épaisseur pendant l'espace de 20 jours au moins, à partir du 1er novembre jusqu'au 1er février ; quand bien même il serait possible de renouveler ce traitement plusieurs années de suite, puisqu'il est démontré qu'une submersion est incapable d'ordinaire de débarrasser complètement la vigne de tous les phylloxéras qui l'affament ; quand bien même toutes les dépenses d'aménagement ne seraient pas excessives pour la bourse de certaines personnes, une autre sérieuse considération les arrêterait encore. Car n'y aurait-il pas la crainte de voir nos vignes atteintes après chaque traitement par les gelées blanches, qu'il resterait à pouvoir submerger toutes les vignes. C'est tout au plus si quelques clos qui se trouvent assis au bord des rivières pourraient être submergés. Mais comment pourraient l'être la presque totalité des vignobles plantés sur toutes nos côtes ? C'est en vain que dans chaque vigne le propriétaire s'efforcerait de diviser la pente en plusieurs sections, à l'aide de bourrelets ou levées de terre, l'opération deviendrait onéreuse et présenterait des obstacles multiples qui la feraient bientôt abandonner, comme on n'a pas de peine à le concevoir.

terrain a pu faire par suite de la grande quantité d'eau qui l'a traversé, et de l'autre, qui a pour résultat d'augmenter sa production, puisqu'en agriculture, on doit viser aux gros rendements.

Ainsi, à cette grande difficulté de l'insuffisance de l'eau viennent s'ajouter chez nous les difficultés résultant de la nature légère et du relief accidenté du sol pour rendre le procédé de la submersion, qui a donné de si bons résultats dans le Midi (1), tout à fait impraticable dans nos vignobles.

II. Remèdes efficaces et pratiques.

Nous venons de parler des procédés qu'il est utile de ne pas expérimenter, parce qu'ils sont insuffisants ou impraticables chez nous. Nous l'avons fait, comme nous le disions plus haut, afin que les vignerons sachent à quoi s'en tenir sur le compte de ces remèdes tant vantés naguère et n'emploient pas leurs ressources à des essais inutiles.

Il nous reste maintenant à indiquer les véritables remèdes qu'on peut opposer victorieusement à la terrible maladie phylloxérique.

Et d'abord, existe-il des remèdes efficaces et pratiques ?

Oui, il en existe pour défendre la vigne contre le

---

(1) Pour juger des bons effets qu'il produit dans le Midi, on n'a qu'à jeter un coup d'œil sur les chiffres suivants qui sont relevés sur les registres de M. Faucon, le véritable inventeur de cette méthode :

En 1867, avant l'invasion de son domaine du Mas de Fabre, la récolte fut de 925 hectolitres ; en 1869, un an après la complète invasion, de 35 hectolitres ; en 1870, un an de submersion, 120 ; en 1872, deux ans de submersion, 850 hectolitres.

6.

phylloxéra, quand la vigne vaut la peine d'être dé-
fendue et qu'elle n'a pas déjà succombé sous l'action
meurtrière de la maladie ; des moyens qui permettent
de lui disputer l'existence d'un vignoble ; et, s'il vient
à succomber, il existe encore un moyen de le reprendre sur son terrible ennemi et de le conserver vigoureux, malgré ses attaques.

Ces moyens efficaces et pratiques pour lutter contre le phylloxéra dans nos vignobles actuels, ce sont
les *traitements au sulfure de carbone* ou aux *sulfo-
carbonates*.

Le moyen efficace et pratique pour reconstituer
nos vignes dans le cas où les traitements ne parvien-
draient pas à enrayer le mal et à sauver nos vignobles, c'est leur *reconstitution* par les cépages américains dits résistants et qui vivent et rapportent sans
que le phylloxéra puisse les détruire.

Nous pensons qu'il est extrêmement utile de parler
tour à tour de ces deux moyens, car, s'il est vrai
que le premier seul nous intéresse aujourd'hui, qui
sait si nous n'aurons pas besoin de recourir à l'autre demain : qui donc peut prévoir la fin de nos
malheurs ! et alors, si les traitements devenaient
impuissants à sauver nos vignes, n'est-il pas utile,
salutaire, doux, de penser qu'il existerait encore un
moyen d'empêcher votre ruine par la reconstitution
du vignoble !

A. Traitement des Vignobles.

On connaît le mot d'ordre légendaire : « N'arrachez pas, guérissez. » Il a du bon, et dans l'espèce il nous paraît utile de l'appliquer. Il nous semble, en effet, qu'il faut se résoudre à *arracher*, alors seulement qu'il est impossible de *guérir*. Or, avant d'en arriver à cette extrémité, à laquelle, d'ailleurs, les vignerons d'Huriel ne se soumettront qu'après avoir essayé tous les moyens de sauver leurs vignes actuelles, il est démontré aujourd'hui qu'à l'aide de certains insecticides on peut, surtout dans les régions faiblement phylloxérées, maintenir la production d'un vignoble envahi, et, dans tous les cas, lui faire rapporter quelques récoltes de plus.

Evidemment, nous parlons du vignoble en général, car nous approuvons bien sincèrement ceux qui conseillent aux propriétaires des vignes phylloxérées de Marignat d'arracher les vignes qui composent le foyer principal.

Mais ici, on le comprend, la question se pose à un autre point de vue. Il s'agit de savoir si une vigne envahie peut être secourue avant d'être arrachée et conséquemment si les vignerons d'Huriel et des environs peuvent défendre efficacement leurs vignes au moyen de certains traitements.

Et nous répondons affirmativement. Certains traitements peuvent secourir utilement la vigne et en assurer la production. Et parmi ces traitements, qu'une expérience relativement longue et éclairée a consacrés, nous citerons le traitement des vignobles par l'emploi du sulfure de carbone ou des sulfo-carbonates.

a. Traitement des vignobles par l'emploi du sulfure de carbone.

C'est en 1869 que M. le baron Thénard proposa contre le phylloxéra le sulfure de carbone liquide, insecticide très volatil, destiné à se bien défuser dans le sol, de manière à pénétrer partout et à jouer le rôle d'un poison autant subtil que délétère qui atteint l'insecte jusque dans ses retraites les plus cachées. On éleva tout d'abord quelques doutes sur son efficacité. C'était une conséquence des expériences défectueuses de M. Monestier. Bientôt les préjugés tombèrent devant de nouvelles expériences, et, en 1873, la Société centrale d'agriculture de l'Hérault le fit accepter définitivement et, aujourd'hui qu'instruit par les essais du passé, on connaît mieux les fautes à éviter dans son emploi et les règles suivant lesquelles il doit être appliqué pour que ce remède ne soit pas pire que le mal, on a le droit d'être satisfait des résultats donnés par ce traitement.

Son efficacité est suffisamment démontrée depuis que les vignes du Midi traitées par le sulfure sont plus belles qu'elles ne l'ont jamais été. Aussi, en 1885, plus de 17,121 hectares de vigne étaient-ils sauvés, grâce à des sulfurages intelligemment appliqués (1).

Nous n'avons pas à décrire ici dans tous ses détails la manière de l'employer. Tous les vignerons de Beaumont la connaissent. Les autres pourront s'en rendre compte sur place en examinant les instruments que M. Jouffroy a mis entre les mains des propriétaires des premiers clos phylloxérés et dont M. Bergeral se sert pour appliquer le traitement. Le pal qui sert à introduire le sulfure de carbone dans le sol est dû à M. Vermorel (2). C'est un tube en fer creux qui s'enfonce dans la terre pour y porter le liquide contenu dans un petit réservoir et qu'un piston comme pompe foulante rejette en petite quantité.

On parle beaucoup des pals Sant et Muscat qui ont obtenu les premières récompenses au concours du comice de Narbonne, en décembre 1883, et l'on vante

(1) Les chiffres suivants, qui sont officiels et qui indiquent la progression des hectares de vignes traités dans le seul département du Rhône, démontrent à eux seuls l'efficacité de ce traitement.

Années.	Nombre des Syndicats.	Nombre des Membres.	Surfaces traitées.	
1879	1	68	34 h.	33
1880	11	282	213	03
1885	284	9.792	12.154	37

(2) On en trouve la description détaillée sous le nom de pal *Select* dans le petit *Manuel pratique des Sulfurages*. C'est un petit ouvrage très utile et qui fournira aux vignerons tous les renseignements qu'ils ne peuvent trouver ici. Il a été composé par M. le Docteur Crolas et M. V. Vermorel, président du comice agricole du Beaujolais, chevalier du Mérite agricole.

beaucoup aussi les injecteurs à traction ou charrues sulfureuses, — injecteur à traction Vermorel et de Gastine, charrue Lugais ; — mais le pal de M. Vermorel peut largement suffire, comme on peut s'en convaincre, en voyant son bon fonctionnement dans le clos du Grand-Marignat.

Nous dirons même avec de bons viticulteurs que son emploi est préférable. Il y a en effet de sérieux inconvénients à se servir de la charrue ou des injecteurs à traction, car de deux choses l'une, ou bien le soc ne pénètre dans la terre qu'à 19 ou 20 centimètres de profondeur, et alors leur action insecticide est nulle, attendu que le phylloxéra ne peut en être sérieusement incommodé, ainsi que nous l'avons démontré en parlant de sa nature et de ses mœurs ; ou bien le coutre ou soc de la charrue s'enfoncera profondément dans le sol et alors beaucoup de racines, qui forment, comme on le sait, un filet continu, tant elles sont proches les unes des autres, seront coupées, arrachées, et ainsi le cep aura dans les deux cas à souffrir, ou de ce qu'on ne le débarrasse pas du phylloxéra qui le tue, ou de ce qu'on lui arrache ses racines qui le font vivre !

L'emploi de ces instruments à traction ne nous semble justifié que par l'économie de main-d'œuvre qu'il procure. Un homme avec un cheval peut avec eux traiter plus d'un hectare par jour. Mais cet avantage ne peut compenser les inconvénients que nous avons cru devoir signaler ; surtout si l'on considère que, chez nous, les vignerons étant presque

tous propriétaires, n'ont pas à tenir autant compte
de la question de main-d'œuvre, puisqu'ils cultivent
leurs vignes eux-mêmes et peuvent considérer le
traitement comme une nouvelle façon à lui donner.

Dans les expériences de l'an passé, six vignerons,
qui se servaient du pal pour la première fois, ont pu
sulfurer vingt ares de vigne en moins de deux tiers
de journée. Maintenant les propriétaires des clos
contaminés appliquent eux-mêmes le traitement en
moins de temps, ce qui prouve, comme l'a fait remarquer M. Jouffroy, que l'usage du pal n'est ni difficile,
ni dispendieux.

La principale difficulté ne réside donc pas dans
l'usage du pal, mais bien davantage dans l'application
du traitement.

Dans quelle condition réussit-il le mieux ?

Conditions de réussite des Sulfurages.

Il est malaisé de les indiquer d'une façon rigoureuse. L'expérience nous instruira malheureusement
mieux que les livres sur ce sujet. Toutefois on peut
dire que les bons effets d'un traitement dépend en
général, suivant nous, de trois choses : 1° du temps
pendant lequel il convient de faire le traitement ;
2° de la nature des terrains dans lesquels on opère ;
3° de la quantité de sulfure qu'il faut employer pour
défendre la vigne sans l'atteindre elle-même.

Quant au *temps* pendant lequel il convient de faire
le traitement, disons de suite qu'il existe un principe
absolu, important, que tous doivent bien connaître,

et qui bien souvent règle toute la question. Ce principe nous le posons de suite en le soulignant : *Quand une vigne est attaquée par le phylloxéra, il faut la traiter sans retard.*

Tout est là ; et d'ordinaire c'est de l'observation rigoureuse de ce principe que dépend tout le fruit du traitement.

Il y a tout avantage à traiter tôt, c'est-à-dire dès que l'on s'est rendu compte de la présence du phylloxéra. Il est d'abord plus facile d'enrayer la maladie que de la guérir ; ensuite les vignes restent de cette façon toujours en rapport.

Au contraire, on a toujours à se repentir d'attendre quelque temps pour traiter. Parfois même il est trop tard. La vigne est si malade, qu'il n'y a rien à faire pour la sauver, et, dans tous les cas, on se trouve obligé de dépenser beaucoup plus de temps et d'argent pour la maintenir que si la maladie avait été traitée à son apparition. Car, d'ordinaire, il faut encore avoir recours à des fumures extraordinaires pour faire face à la destruction des racines et ramener à leur ancien état de santé les vignes qu'on a négligées.

Il y a donc tout avantage à traiter sans aucun retard une vigne attaquée.

Un viticulteur du Midi engage même les vignerons à traiter *avant* l'invasion quand le phylloxéra n'est encore qu'à quelques kilomètres. Il a raison, et son conseil est fort sage. Nous savons que beaucoup de vignerons hésiteront à le suivre. Ils auront tort. Et s'il nous est permis de formuler dans cette grave question notre sentiment intime, personnel, c'est qu'on devrait traiter cette année tout le vignoble d'Huriel. On le préserverait ainsi de l'effet des essaimages qui, sans doute, ont eu lieu et l'an passé et cet été. Bien qu'il ne soit pas encore sensible à l'extérieur, il est à craindre qu'un travail désastreux se fasse aujourd'hui sous le sol dans divers endroits du vignoble et que l'an prochain nous soyons les témoins attristés de ravages que nous avons pu prévoir sans réussir à les faire écarter par un traitement général. Ce sera trop tard alors !

Ce conseil, que nous nous permettons de donner aux vignerons prudents qui sont prêts à ne reculer devant aucun sacrifice, n'est pas le fruit d'une impression indéfinissable et peu éclairée, mais il ressort de tout ce que nous avons lu sur ce sujet. M. le Dr Crolas (1) dit, lui aussi : « Dès l'apparition des premiers signes de la maladie, il faut présumer que toute la vigne est envahie ; que le mal soit *apparent ou non*, il faut la traiter en entier. » Et plus haut il fait remarquer que quand bien même la tache resterait stationnaire, il faut traiter tout autour, car tôt ou tard le mal apparaît sans cela sur divers points. C'est l'avis de l'éminent viticulteur, M. Jaussan, qui « engage à traiter tout un vignoble pour éteindre non seulement l'incendie visible, mais encore toutes les étincelles disséminées qui couvent sous la cendre et sont destinées à le propager. »

(1) Ouv. cit. p. 56.

Pour atteindre ce résultat, il ordonne de traiter non seulement la partie malade d'un vignoble, mais d'en dépasser les bornes et d'y appliquer le traitement dans la plus vaste zone possible.

Ce qu'il faut conclure de cela, c'est que tout le fruit d'un traitement dépend en général de sa prompte mise en exécution, et qu'il y a tout avantage à traiter aussi tôt et autant de souches qu'on le peut.

A cette question de temps vient tout naturellement s'ajouter celle *des époques* qui sont les plus favorables pour pratiquer les traitements au sulfure de carbone.

C'est d'ordinaire au printemps, dans le mois de février ou de mars, par exemple, comme le conseille le savant professeur du Gard, que les traitements réitérés à huit jours d'intervalle donnent les meilleurs résultats. Les insectes sont tués ainsi dans leur berceau et ceux que le premier traitement a épargnés, parce qu'ils n'étaient pas encore sortis de l'œuf, sont saisis et asphyxiés par le second.

Il est bon de répéter ces traitements en octobre, afin d'être plus sûrs de détruire les phylloxéras, parce que l'insecticide atteint alors les individus sexués, qui, en pondant les fameux œufs d'hiver, concourent avec les insectes aptères à perpétuer l'espèce. Le phylloxéra se trouve de la sorte atteint dans les deux phases importantes de son existence. D'ailleurs, ce traitement réitéré, préconisé à l'origine par la compagnie P.-L.-M. surtout, a un autre avantage, c'est de faire supporter à la vigne attaquée et affaiblie une plus forte dose ; au lieu de 15 à 20 grammes par mètre carré mis une fois, c'est 25 ou 30 grammes qu'on peut mettre en deux opérations (1).

Voilà les époques qu'on peut indiquer en général comme étant celles pendant lesquelles les traitements donnent de bons résultats. Mais on comprend que bien des causes peuvent faire avancer ou reculer l'époque des traitements. Ainsi, dans les vignes basses qui sont exposées aux gelées du printemps, il faut suivre le conseil du Dr Crolas et appliquer le traitement en avril, voire même en mai, afin de retarder de cette façon le départ de la végétation et de sauver ainsi la récolte. Non seulement la position des vignes influe sur la date des traitements, mais la nature des terrains exige parfois qu'ils soient faits à des époques plus reculées. C'est pour cette raison qu'on traite les terrains argileux non pas au printemps, mais en été, parce qu'alors l'humidité qui les caractérise étant moins grande, le traitement a toute son efficacité.

Il faut donc tenir compte de tout cela : position des vignes, nature des terrains, etc., pour déterminer à quelle époque les traitements devront être faits.

Avec les règles générales que nous avons données sur les époques qu'on doit choisir pour bien traiter les vignes, il n'est peut-être pas inutile d'indiquer celles pendant lesquelles il convient de s'abstenir d'appliquer ce traitement.

(1) Dr Crolas, ouv. cit. p. 57 et suivantes.

D'après le petit traité du Dr Crolas et de **M.** Vermorel, il faut s'abstenir de traiter :

1° Pendant ou immédiatement avant le départ de la végétation ; seules, les vignes exposées aux gelées, comme nous l'avons dit, peuvent être traitées après les premières poussées de la sève ; mais, en général, il ne faut pas traiter quand la sève est en mouvement.

2° Quand le temps est à la pluie, car si le traitement est fait pendant qu'il pleut ou que la pluie vienne à tomber immédiatement après son application, les résultats sont compromis.

3° Quand les grandes et fortes gelées sont imminentes, car l'évaporation du sulfure produit un certain refroidissement qui se joint à la gelée pour causer des ravages à la vigne.

Enfin, il est bon de laisser s'écouler une quinzaine de jours après la dernière opération avant de donner une façon à la vigne ; le labourage, le piochage, etc., contribueraient à faire évaporer le liquide insecticide et rendraient vain le traitement.

Après s'être demandé à quelle époque il convient de pratiquer les traitements au sulfure, on peut chercher à savoir dans quels terrains il donne de bons résultats.

On peut dire avec **M.** Chauzit que d'ordinaire les terrains dans lesquels ce traitement réussit le mieux sont ceux de consistance moyenne qui sont profonds et substantiels.

On s'explique aisément que dans un sol argileux le sulfure se diffuse toujours mal, et reste bien souvent dans le trou fait par le pal comme dans un tube ou un pot. Et ainsi les insectes ne sont pas atteints.

Si le terrain est trop léger, c'est le contraire qui a lieu, l'insecticide se répand très rapidement et devient dès lors inefficace.

Si la terre est trop humide ou contient de l'eau, le poison agit plus énergiquement sur les racines de la vigne baignées dans l'eau que sur l'insecte, et ainsi on peut dire que le remède appliqué de la sorte est pire que le mal.

C'est dans les terrains perméables et dans les sols meubles que le sulfure réussit le mieux ; or, nos terrains d'Huriel, de Domérat et de Lachapelaude remplissent ces conditions ; ils sont en grande partie granitiques et calcaires. L'expérience a montré que dans ces terrains le traitement au sulfure réussit bien.

Dans les terrains argileux, on fera bien de choisir, pour faire ce traitement, le mois de février ou celui qui suit les gelées d'hiver, car la terre étant ameublie par elles, profite mieux du sulfure qui s'y diffuse davantage. Pour rendre ce traitement plus efficace, on multipliera les trous d'injection de l'insecticide, en diminuant les doses qu'on doit mettre dans chaque trou.

Pour les terrains humides et en général pour ceux qui retiennent l'eau longtemps, on attendra quelque temps après les pluies ou la fonte des neiges pour faire le traitement.

Le Dr Crolas dit que l'humidité est le plus grand obstacle à la réussite.

C'est un principe absolument vrai quand il s'agit du sous-sol.

. Mais il est bon de remarquer que cette règle souffre aussi une exception en faveur des terrains peu profonds qui ont moins de 20 à 30 centimètres — dont « la surface sans être mouillée doit conserver pourtant une certaine humidité superficielle (1), sans quoi la plus grande partie des vapeurs se perd dans l'air au lieu d'agir. »

Enfin, pour que le traitement soit fait dans de bonnes conditions, il ne suffit pas de connaître exactement l'époque pendant laquelle il faut l'appliquer et la nature des terrains destinés à le recevoir ; il reste encore à déterminer la quantité du sulfure qu'il faut injecter dans un vignoble.

Disons tout de suite qu'on ne peut donner de règles particulières ; on conçoit que la quantité peut, elle aussi, varier suivant la nature et l'épaisseur du sous-sol, son état d'humidité ou de sécheresse, les pluies qui peuvent survenir pendant l'opération, et j'ajoute, suivant surtout l'âge et la force de la vigne, et le nombre, la vigueur des phylloxéras qui l'attaquent.

Cette dernière considération constitue un problème très difficile d'ordinaire à résoudre, car, dans la plupart des cas, quand on s'aperçoit de la présence du phylloxéra et qu'on se dispose à lui opposer des traitements énergiques, le mal est déjà ancien, c'est-à-dire que les phylloxéras sont nombreux et la vigne

(1) Manuel pratique des Sulfurages.

très affaiblie. Dès lors, le problème se complique sin -
gulièrement. En effet, ou bien l'on se préoccupe surtout de l'état misérable de la vigne, et alors, pour ne
pas le compliquer, pour ne pas la tuer par un traitement trop énergique, on injecte une dose très faible ;
et, dans ce cas, on ne parvient pas à détruire le phylloxéra, le traitement est inefficace contre lui ; c'est
une dépense faite sans résultat ; ou bien, au contraire,
le traitement vise les insectes dont la force et le nombre doivent, à courte échéance, causer la mort de la
vigne, et alors, pour parvenir à la délivrer de son
indomptable ennemi, l'on injecte une forte dose, et,
dans ce cas, on tue peut-être l'insecte, mais certainement la vigne avec et avant lui.

On le voit, le problème offre des difficultés sérieuses, et bien souvent les vignerons ne parviennent
pas à débarrasser leurs vignes du phylloxéra, ou bien
tuent leurs vignes avant le puceron, faute de savoir le
résoudre comme il le faudrait pour que ce remède
donne les résultats qu'on en peut attendre.

C'est à chaque vigneron à étudier ou à faire étudier
d'abord l'état de sa vigne, la force de la maladie et
les conditions particulières dans lesquelles elle se
trouve. Quand toutes les causes qui modifient ou déterminent le traitement seront connues, alors seulement il aura quelque chance de lui voir produire de
bons résultats.

Pour nous, qui ne pouvons pas prévoir ici tous les
cas qui peuvent se présenter pour un si grand vignoble que le nôtre, nous nous bornerons à remarquer

d'abord qu'il y a, pour les vignerons, grand intérêt à traiter leur vignoble de suite qu'ils ont reconnu chez eux la présence du phylloxéra, parce qu'alors les ceps étant vigoureux encore et les insectes relativement peu nombreux, ils n'ont pas à craindre que la dose qu'ils devront injecter pour détruire les pucerons puisse nuire mortellement à leurs vignes : enfin, qu'il existe certaines proportions générales qui ont été admises par l'expérience et qui peuvent servir à établir la quantité approximative du liquide à employer.

Quand on eut découvert les merveilleuses propriétés du sulfure de carbone contre le dévastateur des vignobles, on l'employa partout d'abord sans mesure et sans discernement ; c'était presque forcé, puisque c'était l'époque des essais et des tâtonnements. On commença à en jeter par hectare 300, puis 350 kilos, et puis, comme on s'aperçut bien vite que c'était là une dose trop forte qui tuait et phylloxéra et vignoble, on pensa pouvoir guérir l'un en le débarrassant de l'autre, en se contentant de 150 et 100 kilos par hectare. Pour le coup, c'était insuffisant. Aujourd'hui il est démontré qu'un traitement de 200 à 250 kilos de sulfure par hectare donne de bons résultats quand il est distribué par 20 à 25,000 trous dans les terrains calcaires, granitiques ou porphyriques, tels que les nôtres.

Il faut s'éloigner du pied du cep de 30 à 40 centimètres, afin de ne pas blesser les grosses racines en enfonçant le pal et pour être plus sûr de distribuer

le remède là où est le mal, c'est-à-dire sur les radicelles. On enfonce le pal verticalement afin de rendre
la répartition plus uniforme à 30 ou 35 centimètres
de profondeur ; on pèse d'un coup de main sur le
piston de cet instrument et l'on injecte à chaque fois
du toxique en petite quantité qui peut varier de 5 à
10 grammes.

M. Jouffroy fait traiter les vignes de Marignat en
injectant cinq grammes dans chacun des trois trous
qu'il fait pratiquer autour de chaque cep : on peut
rendre ce traitement plus énergique en le réitérant et
en augmentant chaque dose.

Dans leur traité du sulfurage, MM. Crolas et Vermorel indiquent (p. 60 et suiv.) avec précision la manière de rendre le traitement profitable et donnent
des tableaux qui aident à déterminer soi-même dans
des conditions ordinaires le dosage et le tracé des trous.

D'après eux, quand une vigne est plantée de telle
façon qu'on compte 1 mètre 10 d'écartement entre
les ceps et que la surface occupée par chaque souche
est de 1 m. 20, il convient de faire autour des 8.264
souches qui sont dans un hectare, à 3 trous par souche, 24.792 trous disposés de la façon suivante :

Un trou sur la ligne des ceps en long, à égale distance entre deux souches ;

Un trou sur la ligne des ceps en travers, à égale
distance entre deux souches ;

Un trou au milieu du carré, à l'intersection des
diagonales du carré formé par les quatre souches ;

Ce qui fait à l'hectare 123 kilos plus 500 grammes
avec le dosage de 5 grammes par trou.   7.

173 kil. à l'hectare avec le dosage de 7 gr. par trou.
198 —   —   —   8   —
223 —   —   —   9   —
247 —   —   —   10   —

Nous rentrons un peu dans ce cas, puisque, dans nos vignobles (1), un hectare a ordinairement 8,000 et au plus 8.500 souches plantées à peu près dans les mêmes conditions que celle dont parle le docteur Crolas.

On peut ainsi se faire une idée de la quantité approximative de sulfure qu'il faut employer par hectare. C'est à l'étude et à l'observation sérieuses des conditions de chaque clos qu'il faudra demander de préciser plus rigoureusement les éléments d'un bon et efficace traitement et d'assigner dans les différents cas qui se peuvent présenter les dosages qui permettront de secourir la vigne en la débarrassant de son redoutable et mortel ennemi, sans crainte de lui nuire à elle-même.

Une dernière condition reste à remplir, si l'on veut que le traitement au sulfure puisse, non seulement donner tous les résultats qu'on en attend, mais de plus fortifier la vigne, rendre sa végétation suffisante et la ramener à sa production habituelle. Nous voulons parler des engrais à employer à la suite des traitements insecticides. Et, pour le faire après toute la

(1) On compte d'ordinaire 400 pieds de vigne dans un « journal » qui a cinq ares. Chaque are a donc 80 souches plantées sur trois rangs à 1m10 et 1m20 les unes des autres.

compétence souhaitable, nous citons les conclusions du congrès viticole de Bordeaux en 1881, qui se rapportent à notre sujet :

« L'assistance régulière, au moyen des engrais, est un complément indispensable du traitement insecticide, même dans les terres fertiles par elles-mêmes. Ces engrais chimiques immédiatement solubles remontent les vignes faibles plus rapidement que le fumier de ferme. La dose des matières fertilisantes qui paraissent le mieux réussir correspond par hectare à :

100 kilos au moins de potasse réelle,
50   —   —   d'azote,
30   —   —   d'acide phosphorique.

» La non-adjonction des engrais aux applications insecticides, au moins en première année, sur toute la surface du vignoble phylloxéré et, en deuxième année, sur les points restés faibles, a pour conséquence l'absence de végétation suffisante et de retour à la production. »

b. Traitement des Vignobles par l'emploi *des sulfo-carbonates*.

La commission supérieure du phylloxéra regarde encore comme un moyen de destruction efficace du terrible puceron le sulfo-carbonate de potassium dont nous devons dire quelques mots, puisqu'il constitue avec le sulfure de carbone un de nos insecticides les plus puissants. Il remplace même parfois avantageusement le sulfure qui s'évapore trop vite dans la terre et tue la vigne quand il est injecté à la dose demandée pour la destruction des phylloxéras. Aussi les sulfo-carbonates sont-ils employés là où bien souvent les sulfures ne réussissent pas. C'est déjà un immense avantage dont les vignerons doivent être reconnaissants à notre regretté savant, M. Dumas, l'illustre secrétaire perpétuel de l'Académie des sciences, qui le premier nous fit connaître (1) les remarquables propriétés du nouvel insecticide.

Nous n'avons pas à faire ici l'analyse chimique du sulfo-carbonate de potasse. Il nous suffira de dire qu'il offre tout d'abord les **mêmes avantages que le** sulfure de carbone, puisqu'à la suite de réactions chimiques, quand il est en contact avec l'eau et exposé à l'air, il donne naissance à du sulfure de carbone mélangé avec de l'hydrogène sulfuré et du carbonate de potasse. Et de plus que le sulfure, à cause des dernières matières dont nous venons de parler, il constitue la meilleure fumure qu'on puisse employer pour corriger l'action trop énergique du traitement sur le cep malade.

En un mot, c'est un remède qui porte en soi tout ce qu'il faut pour débarrasser la vigne du phylloxéra et pour la fortifier elle-même et entretenir sa production.

Aussi, ne faut-il pas s'étonner de le voir employé dès que son efficacité fut connue. En 1874 et 1875, son emploi dans les environs de Cognac donnait des

____

(1) Comptes rendus du mois de juin 1874.

résultats satisfaisants et faisait naître des espérances qui ne furent point démenties. M. Chauzit dit que le Bordelais, les Charentes, les départements de l'Hérault et de l'Aude sauvent par le sulfo-carbonate les vignobles qu'ils ne peuvent préserver par la submersion. C'est ainsi que la pratique confirmait la théorie du savant chimiste. Et en 1885, 3.033 hectares étaient sauvés par ce moyen.

Pourtant, avouons-le, on fait un reproche assez mérité et assez grave au sulfo-carbonate. C'est d'exiger pour son application une quantité d'eau relativement considérable.

C'est au point que, malgré les chaleureuses apothéoses et les dithyrambes exagérés de quelques-uns, M. Mouillefert, le grand apôtre de ce traitement, pense qu'on ne devra régénérer à l'aide du sulfo-carbonate de potassium « que les vignes en bon fonds, bien développées, près des cours d'eau et à gros revenus. »

En effet, il faut pour bien l'employer, d'après le savant professeur d'agriculture du Gard, faire une cuvette tout autour du cep, y verser de 60 à 80 grammes de sulfo-carbonate dilués, c'est-à-dire fondus au préalable dans 5 ou 10 litres d'eau, et ajouter par dessus 10 ou 15 litres d'eau claire, de façon à ce que la solution insecticide ne reste pas sur terre mais puisse descendre jusqu'aux dernières racines. Puis on recouvre la cuvette d'un peu de terre pour empêcher l'évaporation.

Quelle quantité de sulfo-carbonate faut-il mettre

à chaque pied ? Comme pour le sulfure, cette quantité varie suivant le degré de la maladie, la nature du sol, le nombre des phylloxéras, etc. Pourtant il y a pour cet insecticide, comme pour l'autre, des limites qu'il est bon de connaître pour ne les pas franchir si l'on veut, d'une part, atteindre l'insecte et, de l'autre, préserver la vigne des meurtriers effets de cette dangereuse substance. Pour cela, retenons des observations des savants qui se sont occupés de cette question que le titre de la solution doit être compris entre 1/300 et 1/400 de son poids, parce que, s'il était inférieur au premier chiffre, il serait désastreux pour les racines, et s'il était supérieur au second, la proportion n'étant plus gardée, ce traitement serait trop faible et dès lors tout à fait inefficace contre les insectes.

Cet insecticide étant moins énergique vis-à-vis des phylloxéras et des racines que le sulfure de carbone, il est évident qu'on doit l'appliquer plus souvent ; cela double les frais de main-d'œuvre.

Quant aux époques pendant lesquelles il convient de l'appliquer, on peut dire qu'on le peut pendant chaque mois de l'année, mais de préférence au printemps dans les vignes jeunes. On a remarqué que, pour les vignobles très affaiblis, il valait mieux faire le traitement au sulfo-carbonate en été. Enfin, tous les bons professeurs sont d'avis qu'il y a lieu de rejeter le traitement en avril pour atteindre les phylloxéras hibernants, et en juillet pour arrêter la multiplication de l'insecte.

Voilà ce qu'il était bon de savoir au sujet du traitement par le sulfo-carbonate de potassium. C'est suffisant pour nous convaincre, que, tout excellent qu'il soit, il est pour nous moins pratique que le premier dont nous avons parlé.

La grande quantité d'eau et les frais de main-d'œuvre qu'il exige pour être appliqué dans de bonnes conditions expliquent assez que certains viticulteurs qui l'ont d'abord patronné aient renoncé à ce traitement. Ces derniers ont même trouvé moyen, en traitant avec le sulfure de carbone, de ne se pas priver des bons services que peut rendre le sulfo-carbonate. Ils remplacent les 80 kilos de potasse qu'il donne à l'hectare par 200 kilos de chlorure de potassium qu'ils distribuent à leurs vignes avec le sulfure.

Depuis on a cherché à tirer encore parti des sulfo-carbonates. M. le professeur Chauvit a expérimenté un sulfo-carbonate à base de calcium. M. le baron Thénard en a essayé un autre à base de baryum. Ces messieurs réduisirent ces nouvelles matières en fine poussière jaune qu'on pouvait semer dans le sol. Malheureusement ces essais ne donnèrent pas les résultats qu'on en attendait, car si les graves inconvénients que nous reprochons à l'emploi du sulfo-carbonate de potassium sont par là supprimés, du moins ces composés chimiques ne se répandent pas uniformément dans la couche arable par suite de leur état physique et ne sont pas dès lors suffisamment efficaces.

Effets des Traitements.

Quand tous ces traitements au sulfure de carbone, au sulfo-carbonate de potassium, etc., sont faits dans de bonnes conditions, ils peuvent donner d'excellents résultats. La première année le mal peut être enrayé sans que l'effet du traitement soit autrement sensible ; mais la seconde année, la végétation tend à redevenir normale. On assiste alors à des phases de résurrection qui sont l'inverse de celles que nous avons précédemment décrites pour le dépérissement de la vigne. La reconstitution complète, le rendement ordinaire des vignobles devient l'œuvre de la troisième ou de la quatrième année de traitement. Alors presque tous les insectes sont détruits par les traitements réguliers. C'était le but de ces derniers. Il ne faut pas leur demander autre chose, car ils ne peuvent ressusciter ni les souches ni les racines mortes. La formation des radicelles est donc l'œuvre du temps, des engrais et des soins. La vigne ainsi secourue, d'une part, par les insecticides qui la débarrassent de ses mortels ennemis et, de l'autre, par les engrais qui la cicatrisent et la fortifient, peut se maintenir pendant longtemps, quelques viticulteurs disent *indéfiniment*, si l'on a soin de les traiter tous les ans pour lutter contre les réinvasions jusqu'au jour où le fléau aura complètement disparu de la contrée...

Voilà ce que nous avions à dire sur la nature et l'emploi de ces deux grands insecticides, tant vantés, qui ont, de fait, rendu déjà de si grands services aux vignerons en tant que « *conservateurs* des vignobles. » (1).

B. Reconstitution des Vignobles par *la Plantation des Cépages résistants.*

Nous venons de voir qu'au moyen des traitements au sulfure de carbone et aux sulfo-carbonates, on pouvait *défendre* une vigne contre les attaques du phylloxéra et la conserver pendant quelque temps. Mais hélas ! trop souvent ces traitements ne peuvent qu'assurer quelques récoltes de plus et retarder le dénouement fatal. Bien souvent, en effet, ils sont impuissants à sauver complètement la vigne ; ils peuvent prolonger le « revenu vigne », mais non assurer le « capital vigne ». Avec eux, nous le répétons, on peut, pendant de longues années même, maintenir la production normale, mais tôt ou tard on est forcé de reconstituer les vignobles phylloxérés. On a bien quelques exemples d'une longue conservation due aux traitements, et il se peut faire que nos vignes soient un jour rendues à leur ancienne vigueur et qu'elles soient débarrassées du terrible puceron ;

---

(1) *En 1885,* sur les 642.078 hectares de vignes envahies qui résistaient encore :

12.543 hectares étaient soumis à la submersion.

17.121   —   —   *traités par le sulfure de carbone.*

3.033   —   —   *les sulfo-carbonates.*

17.236   —   —   replantés en cépages résistants.

mais enfin il y a aussi tant d'exemples du contraire qu'il est peut-être chimérique d'espérer échapper complètement, dans un avenir plus ou moins éloigné, à la reconstitution de nos vignobles.

Oui, il peut arriver un moment où il ne sera peut-être plus possible de redire le fameux mot d'ordre que nous citions plus haut : « N'arrachez pas, guérissez ! »

Mais alors, peuvent dire nos vignerons attristés, c'est donc une infaillible ruine et un sombre désespoir qui doivent être notre partage ? Eh quoi ! après tant de soins prodigués à nos vignes, après tant d'argent dépensé pour elles en traitements réputés efficaces, nous faudra-t-il en arriver à voir nos ceps mourir en quelque sorte entre nos bras ? Sommes-nous donc destinés à assister à leur agonie sans la pouvoir écarter, comme ces pauvres mères condamnées à voir la triste anémie de leurs enfants faire chaque jour d'effrayants progrès qui les rapprochent du moment fatal, malgré les remèdes qui peuvent bien prolonger de quelques soirs leur triste existence sans pouvoir la soustraire à la mort ! »

Hélas ! mes chers amis, cela se peut ! Et l'invasion du phylloxéra peut bien être, comme toutes les autres dans la main de Dieu, ce fléau dont il est parlé dans le Deutéronome et qui a déjà servi dans d'autres régions à faire expier d'insolentes révoltes contre son droit divin trop souvent méconnu ! Ce sont là peut-être de bien tristes pressentiments ; mais, dans les réalités de la vie, bien des choses sont tristes, bien des remèdes amers. Heureux ceux qui sont capables de recevoir et de profiter des remèdes amers qui peuvent faire revenir la santé, les forces et le bonheur ! Je dis donc, pauvres amis, que si nous ne nous tournons pas du côté de la Providence pour l'implorer et nous la rendre favorable, il se pourrait faire que les blasphèmes des uns, l'indifférence des autres qui, depuis de longues années, irritent et provoquent Dieu, soient causes de notre abandon et de notre misère. Dieu, qui ne nous doit rien, ne pourrait-il pas dans sa justice, lui qui enlève à une mère idolâtre l'enfant qui est l'objet de toutes ses préoccupations terrestres et de ses mille soins qui la détournent de ses grands devoirs envers Lui, ne pourrait-il pas, dis-je, nous enlever, à nous, ces vignes dont nous sommes si fiers, qui nous rendent si heureux, qui captivent nos yeux, nos soins, nos préoccupations, à tel point que nous en oublions trop souvent Celui de qui nous tenons tous ces chers biens et qui peut nous les reprendre, parce que c'est Lui qui nous les a prêtés !

Et de même qu'un prêteur peut, à juste titre, réclamer de son débiteur infidèle le capital qu'il lui a confié et dont il ne paie pas les intérêts, de même nous serions bien obligés de reconnaître que, puisque nous ne rendons pas à Dieu tout ce que nous lui devons pour le prêt de la santé, de l'aisance et de la vie qu'il nous fait, nous tombons sous les coups de sa justice et que nos fautes sont les seules causes de nos ruines publiques ou particulières !

Mais, vive Dieu ! rien ne nous prouve encore qu'il nous traitera selon la rigueur de sa justice. Il est encore plus miséricordieux que nous ne sommes méchants, indifférents ou coupables ! Aussi sommes-nous tenus de ne rien négliger dans l'administration des biens spirituels et matériels que Dieu nous a confiés. En conséquence, tout en travaillant à la perfection des premiers, souvenons-nous que, pour la conservation des autres, il existe un principe chrétien très consolant : « Aide-toi, le Ciel t'aidera ! »

Donc, ne perdons pas courage et, après nous être rendue la Providence favorable, regardons avec confiance l'avenir.

Dans sa sollicitude pour nous, Dieu voulant multiplier les occasions de notre retour vers lui, et gagner du temps, a retardé, autant que possible, notre ruine, et a disposé pour la dernière heure un dernier moyen qui permet de tout sauver quand tout semble perdu.

C'est ainsi que vous pouvez échapper à l'horrible misère dans laquelle vous tomberiez tous, si la culture de la vigne n'était plus possible dans ce pays, par un dernier moyen, qui est la *reconstitution du vignoble*.

Sans doute, c'est là une dernière extrémité ! Mais enfin, pour être sage, il faut tout prévoir : et, comme nous le disions plus haut, nous pourrions avoir le même sort que les habitants du Midi. D'ailleurs, n'est-il pas agréable de pouvoir se dire qu'il existe en définitive, par la grâce de Dieu de qui nous viennent tous les biens, quand tous les autres remèdes sont impuissants et inefficaces, un moyen de conserver les vignobles qui donnent à cette région la vie et le bien-être, voire même la richesse. Oui, il est bon et agréable de pouvoir se dire cela ; car s'il serait triste de perdre vos vignes phylloxérées, ne serait-il pas plus triste encore, chers vignerons, de penser qu'on peut les perdre sans aucun espoir de les reconstituer.

Or, il est démontré aujourd'hui qu'on peut reconstituer un vignoble détruit.

Toute cette question se réduit à celle-ci : *Peut-on désormais affirmer qu'il existe des cépages qui résistent à l'action du phylloxéra ?*

Car il est évident que s'il en existe on peut reconstituer un vignoble détruit.

Or, nous disons, au nom de l'expérience et avec tous les viticulteurs éminents, qu'il existe des cépages résistants à l'action du phylloxéra.

Nous ne nous dissimulons pas qu'en affirmant cela nous heurtons bien les préjugés que l'ignorance ou la mauvaise foi entretiennent opiniâtrement chez quelques-uns. Sans savoir même de quoi il s'agit quand on parle devant eux des cépages américains, certains vignerons se bouchent les oreilles ou l'entendement et ne veulent rien comprendre ; cela les regarde. Malheureusement, leurs propres malheurs ne confirmeront que trop tôt, nous le craignons, nos douloureuses prévisions. *Quand ils se résigneront à entendre la vérité, ce sera trop tard !* Mais nous

nous adressons aux vignerons et aux personnes, qui
ont bien quelques doutes sur la résistance des cépages étrangers, mais qui sont disposés à n'asseoir
leur jugement que sur les démonstrations de l'expérience et du raisonnement. Or, ce sont là les deux
solides bases sur lesquelles s'appuie notre proposition,
comme nous allons le démontrer.

L'excuse des préjugés contre la résistance de
cépages exotiques aux attaques du phylloxéra, préjugés que certaines personnes intelligentes ont tout
d'abord partagés avec ceux pour lesquels tout ce qui
est nouveau est suspect, réside dans ce fait, qu'on ne
peut se faire à l'idée, qu'une vigne détruite par le
phylloxéra puisse être remplacée par une autre vigne.
« On disait, fait remarquer M. Chauzit, que la vigne
était partout indentique à elle-même et que la cause
capable de l'anéantir dans un pays pouvait aussi l'affaiblir considérablement dans une autre contrée. »

Malheureusement certains personnages qui occupent de hautes situations ont entretenu ces préjugés
au lieu de concourir à les faire disparaître ; c'est
ainsi qu'on a vu, l'an passé, un ministre (1) se dé-
clarer imprudemment, en plein conseil général, contre
les cépages américains. Ces déclarations produisirent
naturellement dans le monde viticole une très vive
émotion qui s'est traduite par une vigoureuse pro-
testation de la part du président de la Société des
agriculteurs de France. Nous reproduisons une par-

(1) M. Sarrien, alors ministre de l'intérieur.

tie de la lettre que ce dernier adressa au ministre de l'agriculture pour lui demander de vouloir bien lui fournir l'occasion de rectifier l'erreur, pour ne pas dire plus, de son collègue de l'intérieur. Tous les journaux en parlèrent, et nous en donnons nous-même un extrait, afin de montrer, d'une part, jusqu'où les préjugés peuvent faire loi, et de l'autre, ce qu'il faut penser, d'après un homme compétent, de la résistance des cépages exotiques.

« Monsieur le Ministre,

» De retour du congrès viticole de Bordeaux, j'ai
» le devoir de venir, au nom de tous les viticulteurs
» de la Société des agriculteurs de France, protester
» contre des assertions de M. le ministre de l'inté-
» rieur au conseil général de Saône-et-Loire, contre
» son affirmation que les plants américains ne résis-
» taient pas au phylloxéra et que cette certitude
» résultait d'une enquête effectuée dans les départe-
» ments du Gard et de l'Hérault dans ces derniers
» temps.

» La presse s'est hâtée de répandre cette nouvelle,
» et le congrès de Bordeaux s'est ému d'une telle
» affirmation émanant d'un des plus hauts dignitaires
» de l'Etat, que l'on devait, à ce titre, croire admi-
» nistrativement informé et par là absolument auto-
» risé à s'exprimer comme il l'a fait.

» Cependant, les viticulteurs du Gard, de l'Hérault,
» des Bouches-du-Rhône, de la Drôme, de l'Aude,

» de la Gironde, de la Charente-Inférieure et d'autres
» départements cultivant depuis bien des années les
» vignes américaines comme la seule ressource qui
» leur reste pour défendre ou reconstituer leurs vi-
» gnobles dans les terrains où les insecticides n'ont
» aucune action et qui ne peuvent être submergés,
» tous les viticulteurs, dis-je. les plus au courant de
» la question et réunis à Bordeaux pour le congrès,
» ont protesté contre l'assertion de M. le ministre de
» l'intérieur et l'ont qualifiée « *d'une grande erreur* ».
» Ils ont longuement prouvé, au contraire, que les
» cépages américains, dans leur généralité, résistaient
» au phylloxéra. ». . . . .

. . . .

Evidemment, tous ces préjugés viennent de l'ignorance où l'on est bien souvent des caractères botani-
ques et de la constitution anatomique du bois qui caractérise chaque espèce du genre *vitis*.

Nous allons voir tout à l'heure les raisons de la résistance des cépages exotiques ; mais avant, il importe
de constater le fait de cette résistance en nous bor-
nant à faire observer tout d'abord qu'il n'est pas
étonnant que, par suite de malentendus, de défauts
de culture, de manque de soins, de conditions parti-
culièrement défavorables et surtout du choix de certains cépages reconnus aujourd'hui comme non résistants, les premiers essais n'aient pas tous été couron-
nés de succès. Il n'est donc pas besoin de faire remarquer davantage qu'on ne peut se servir de ces
échecs particuliers et toujours fréquents dans les

commencements d'une aussi difficile entreprise, contre une méthode qui maintenant a fait ses preuves.

Voici en quelques mots le résumé fidèle des faits qui prouvent la résistance des cépages exotiques :

Quand on eut remarqué que les traitements insecticides étaient insuffisants pour sauver les vignes françaises des attaques du phylloxéra, on arriva à se poser cette question : « Puisque les cépages français périssent dans la lutte avec les terribles pucerons, trouvons un porte-greffe qui résiste. » On le voit, la question était bien posée, mais la solution devait se faire attendre, comme on se l'explique facilement, faute de suffisante expérimentation.

On songea d'abord à la vigne vierge, « ce type primitif de la *vitis vinifera ;* mais comme la constitution physiologique de ses tissus diffère très peu de la vigne cultivée, le phylloxéra, dit M. Chauzit, ne respecta pas plus ce type primitif de la vigne que ses descendants. »

Mais on remarqua bientôt que dans une pépinière de M. Saliman, de Bordeaux, certaines variétés de cépages américains qui s'y trouvaient au milieu de vignes françaises, résistaient et continuaient à vivre malgré les attaques du phylloxéra, tandis que ces dernières dépérissaient tout à fait.

Ce premier fait de résistance constaté en plein foyer phylloxérique était un trait de lumière. Pourtant, à cause de certaines défiances, la culture de ces cépages ne fit de progrès, depuis 1869 à 1872, que dans des jardins et des clos au centre desquels les essais se poursuivaient à l'abri des regards indiscrets.

Cependant l'époque des tâtonnements et des doutes eut une fin, et, en 1873, autorisée par les savants rapports de M. Planchon, la Société d'agriculture de l'Hérault se mit à la tête du mouvement en faveur des cépages exotiques ; plusieurs congrès viticoles qui se tinrent à Montpellier résolurent les diverses objections pratiques que l'on soulevait contre la culture des cépages du Nouveau-Monde. On établissait une collection de vignes étrangères sur plants français et, en 1876, une véritable école était créée pour leur culture. De nombreux vignobles se reconstituaient avec des Jacquez, des Herbemonts, des Taylors et des Riparias. Le département de l'Hérault, qui comptait déjà, en 1880, 2.600 hectares reconstitués par des cépages étrangers, en avait plus de 20.000 en 1883. Le Gard avait, au 1er janvier 1884, une surface de 3.600 hectares reconstituée avec ces cépages, et, *aujourd'hui*, la France leur doit d'avoir pu sauver plus de 50.000 hectares de ses vignes. « Et, si l'on ne replante pas avec ces cépages sur une plus grande étendue encore, disait le professeur du Gard, c'est que les capitaux font défaut. »

Voilà une série de faits qui établissent d'une façon péremptoire la résistance des cépages exotiques. Et qu'on ne dise pas qu'il manque à cette preuve expérimentale l'appui de plusieurs années d'une résistance reconnue et constatée par tous, car voilà plus de dix ans que les expériences se poursuivent en donnant de bons résultats. Les plantations anciennes qui résistent sont très communes dans le Midi (1), et se comportent si heureusement en face du phylloxéra qu'il nous est permis d'affirmer expérimentalement, d'après les résultats pratiques obtenus jusqu'à ce jour, la résistance des cépages américains.

Aussi, nous croyons que devant des faits révélés par une pratique relativement longue, l'hésitation n'est plus permise. La légitime curiosité seule a le droit de ne pas désarmer encore, et de demander à la science de lui expliquer, autant qu'elle le peut, les causes de cette résistance des vignes américaines.

En effet, après avoir constaté par la méthode expérimentale le fait de cette résistance, on peut rechercher pourquoi certaines variétés de vignes peuvent vivre, malgré la présence du phylloxéra sur leurs racines.

Des savants distingués sont parvenus à démontrer que la résistance de ces cépages étrangers était la conséquence de la *constitution anatomique particulière de leurs racines*, soit qu'on fasse jouer un rôle aux principes chimiques qu'elles renferment, comme le veulent MM. Fabre, Boutin et Millardet, soit qu'on en trouve la cause avec le Dr V. Coste et M. Foëx

---

(1) Les clintons de douze ans, greffés depuis une dizaine d'années chez M. Pagésy, à Viviers, par Montpellier ; les riparias très âgés des classiques vignobles de Mme Fabre, de Saint-Clément ; les domaines de MM. Gaston Basille, Bousaren, Turenne, L. Guiraud, Lugol, et dans lesquels on trouve des cépages très anciens et qui résistent et produisent beaucoup de vin.

dans leur dureté, leur densité et leur grand développement.

En effet, d'après MM. Fabre et Boutin, les racines
des vignes américaines contiennent une plus grande
quantité de principes résineux, et, d'après M. Ravazza,
une proportion plus considérable d'acide malique
que les cépages français. Or, il leur semble que ces
produits cicatrisant les piqûres causées par l'insecte
et empêchant davantage la pourriture des organes,
la résistance des cépages du Nouveau-Monde est
toute naturelle et se trouve expliquée par ces preuves
tirées de considérations chimiques.

D'après M. le Dr Coste, il faudrait chercher ailleurs
la véritable cause de cette résistance des vignes exotiques. Joignant à l'analyse chimique une étude très
approfondie de l'anatomie des racines, il est parvenu
à montrer, comme nous l'avons dit dans notre première partie, que la mort du cep était la conséquence
de la piqûre de l'insecte dont le suçoir atteignait le
canal central en déterminant l'enflure ou renflement
qui arrêtait la sève et déterminait la pourriture des
tissus. Or, il remarqua que les cépages du Nouveau-
Monde avaient un système cortical plus lignifié, plus
dense, plus épais que celui de nos cépages indigènes,
et que, par conséquent, le suçoir de l'insecte n'en
pouvait pas percer l'écorce aussi facilement que celle
des nôtres ; que pour certaines espèces mêmes, il ne
pouvait pas enfoncer son suçoir assez profondément
pour y déterminer des plaies mortelles et qu'il était
forcé, dans ce cas, « à vivre aux dépens des sucs qui

circulent dans les souches superficielles de la racine. »

Les savants travaux de M. Foëx, directeur de l'Ecole nationale d'agriculture de Montpellier, confirmèrent cette opinion, en établissant que les cépages exotiques offrent des racines mieux lignifiées que celles de nos cépages français. Dans une première note parue en décembre 1876, ce savant avançait « que la résistance que nous présentent certains cépages doit être attribuée à la lignification plus prompte et plus parfaite des tissus de leurs racines et au grand développement de leur système radiculaire. » Une seconde note insérée dans les comptes rendus de l'Académie des sciences, le 15 janvier 1877, prouva expérimentalement son assertion précédente et donna à toute sa théorie sur la résistance des vignes américaines, la sanction scientifique qui lève tous les doutes et résout définitivement cette question.

M. Foëx poussa son étude fort loin et détermina avec précision les différents degrés de résistance qu'offraient les cépages les plus connus. C'est ainsi qu'il démontre qu'on devait les placer sous ce rapport dans l'ordre suivant : 1° les Riparia; 2° les Æstivalis ; 3° les Labrusca ; 4° les Venifera qui embrassent nos cépages français.

La résistance des cépages exotiques étant ainsi établie, il ne nous reste plus qu'à faire remarquer au point de vue pratique :

1° Qu'il n'est pas question d'obtenir avec ces cépages un *vin américain* qui est moins abondant et de moins bonne qualité que les nôtres et dont le goût étrange est peu fait pour nous plaire ; mais que le seul but qu'on se propose d'ordinaire est de cultiver les cépages exotiques comme porte-greffes de nos vignes françaises Aussi, dans une reconstitution des vignobles d'Huriel, on conserverait les cépages du pays qu'on enterait sur les souches américaines dont la résistance au phylloxéra est démontrée ;

2° Que toutes sensibles et délicates (1) que soient les vignes américaines sous le rapport de la constitution physique et chimique des terrains dans lesquels on les plante, on peut dire qu'il existe toutefois, parmi les 250 variétés (2) du Nouveau-Monde, 12 ou 13 sortes de cépages qui résistent absolument et dont les produits pourraient parfaitement s'adapter à nos terrains et s'acclimater chez nous.

(1) Le professeur du Gard, qui a consacré la plus grande partie du volume « État actuel de la question du phylloxéra » à étudier la question de la reconstitution des vignobles par les cépages étrangers, fait observer qu'il ne faut pas être surpris de l'exigence des cépages américains au point de vue du sol. « On voit, en effet, dit-il, un très grand nombre de plantes qui demandent, pour croître, fleurir et fructifier, une composition de terrain bien fixe. C'est ainsi que le châtaignier exige des terres granitiques, siliceuses ; le chêne, des terres calcaires, etc. Dans les plantes appartenant au même genre botanique, c'est parfois la même chose ; ainsi, les variétés du genre des pins ne viennent pas toutes dans les mêmes terrains : les uns aiment les terres argileuses ou calcaires, les autres les sols sablonneux. Il en est de même de la vigne. »

(2) Voir l'*Ampélographie américaine* de MM. Foex et Viala.

C'est ainsi par exemple que dans la classe des « æstivalis » qui peuvent facilement servir de porte-greffes à nos variétés indigènes, le *Cunningham* pourrait s'acclimater dans nos sols argileux, ainsi que le *Black-July* qui s'accommode de presque tous les terrains.

Parmi les nombreuses variétés des « Riparia » qui renferment les cépages les plus résistants, le *Taylor* et le *Riparia sauvage* sont peu difficiles sur la nature du sol. Le *Solonis* réussirait en particulier très bien dans nos terrains humides ; on pourrait le planter le long de nos petites rivières. Dans l'espèce des « vignes diverses » que l'on a peu cultivées, mais qui donnent déjà les plus belles espérances, on peut citer les *Rupestris* qui s'acclimatent très bien dans les sols les plus secs et qui prospèrent dans les terres calcaires et caillouteuses où les Riparia n'acquièrent pas une grande vigueur. Enfin, dans les vignes dites « hybrides » on remarque le *York-Madeira* dont M. Marès possède, à Launac, depuis *plus de 30 ans*, des pieds qui ont été respectés par le phylloxéra. Voilà encore un cépage qui est un bon porte-greffe dans les terres sèches, arides, comme il n'en manque pas dans le vignoble. C'est ainsi que certains cépages exotiques prospèrent mieux dans certains terrains que dans d'autres ; il y aurait à faire une étude sérieuse de nos terrains et des cépages du Nouveau-Monde. Peut-être même trouverions-nous de ces cépages qui s'acclimateraient chez nous, au point de remplacer certaines de nos espèces indigènes. C'est ainsi que dans le Beaujolais, le *Senasqua* est cultivé, non seulement comme porte-greffes, mais comme un producteur direct qui a de l'avenir.

Aujourd'hui il nous suffit de conclure que la reconstitution de nos vignobles est possible, puisqu'il existe d'une part des cépages sûrement résistants et que de l'autre il serait possible d'en trouver comme porte-greffes qui s'accommoderaient (1) de nos divers terrains.

Tout cela demanderait, nous le reconnaissons, une étude plus approfondie. Elle se fera sans doute, dans son temps et par qui de droit. Nous pensons en avoir dit assez pour convaincre nos chers vignerons que, si les traitements ne parvenaient pas à éloigner l'indomptable phylloxéra de leurs vignobles, il ne faudrait pas se laisser aller au désespoir, parce qu'il serait possible de reconstituer les vignes détruites.

CONCLUSION.

Et maintenant, il ne nous reste plus qu'à montrer, à la fin de ces considérations sur le phylloxéra, qu'il est de l'intérêt des vignerons de ne rien négliger pour la défense des vignobles au milieu desquels les ravages du terrible insecte font d'inquiétants progrès.

Ces progrès effrayants pourront peut-être encore

---

(1) Voir une Étude de M. Audaynaud sur l'adaptation au sol des cépages américains. *Journal de l'Agriculture,* 1881.)

être arrêtés, la ruine conjurée et le phylloxéra détruit avant d'avoir pu multiplier sensiblement ses ravages, si les vignerons se décident enfin à sortir d'une inaction qui peut tout perdre.

Ils commencent bien à s'inquiéter des ruines que le phylloxéra a faites, car malgré les assurances qu'ils se donnaient à eux-mêmes que le mal ne valait pas la peine de tant se préoccuper et de tant dépenser pour le traiter, ils sentent aujourd'hui qu'ils sont en présence d'un ennemi terrible qui a déjà compromis la valeur d'un hectare de vigne et qui pourrait bien mettre l'année prochaine tout le clos en péril.

Ils se décideront peut-être ainsi à se mettre courageusement et énergiquement à l'œuvre. Mais nous prévoyons que dans quelque temps ils se laisseront arrêter par la considération des dépenses nécessaires pour pratiquer les traitements au sulfure et aux sulfo-carbonates. Jusqu'à ce jour, l'Etat a donné 1500 francs (1) et fourni le liquide insecticide. Mais ces premiers secours ne dureront pas toujours, ils sont bien près même d'être épuisés et il est à craindre que le gouvernement ne les continue pas (2), en

(1) *Centre*, 24 juin 1886.

(2) En effet, comme le fait remarquer le professeur du Gard, le gouvernement « a une tendance marquée à diminuer l'importance de ses subventions ; ce qui le prouve, c'est que la subvention par hectare qui était de 120 fr. en 1869, n'est que de 76 fr. en 1880, de 67 fr. en 1881 et de 33 fr. en 1882 .. Et dans certains départements, comme dans le Rhône par exemple, cette dernière subvention n'est donnée que pour 5 hectares, au plus. » Ouvrage cité, page 9 et suivantes.

laissant aux premiers intéressés la charge de défendre eux-mêmes leurs vignes particulières.

Il arrivera donc un moment où nos vignerons ne devront compter que sur eux-mêmes. Or, je me le demande, n'est-il pas à craindre qu'alors ils ne se laissent arrêter par toutes sortes de considérations pécuniaires, eux qui se montraient si tièdes cette année même que le traitement était fait pour ainsi dire aux frais de l'Etat ! C'est donc pour aider nos vignerons à réagir contre cette inertie trop intéressée qui paralyserait leur action au moment même où le phylloxéra continuerait avec plus d'énergie son œuvre de destruction, que nous appelons l'attention de nos amis sur l'intérêt qu'ils ont à faire les dépenses nécessaires pour le traitement de leurs vignes.

Nous posons donc la question de cette façon : Est-il de l'intérêt des vignerons d'Huriel de faire la dépense des traitements pour défendre leurs vignes ?

Pour la résoudre convenablement, rappelons-nous ce sage principe du Dr Crolas, « qu'en agriculture toute opération à faire a pour but le profit. »

Si donc nous démontrons qu'il y a pour les vignerons d'Huriel, considérés dans leur ensemble, plus de profit à défendre leurs vignes et à faire pour cela la dépense des traitements, voire même de la reconstitution, plus de profit, dis-je, qu'à l'abandonner pour chercher dans une autre culture le moyen, non seulement de faire fortune, mais de vivre, nous aurons prouvé qu'il est de leur intérêt de faire les dépenses nécessaires pour cela.

Et, pour se rendre compte qu'il y a pour eux profit à le faire, il n'y a qu'à mettre en regard les profits et les pertes, les inconvénients et les avantages, en un mot les dépenses et les revenus.

Or, on a calculé que, pour défendre la vigne au moyen des traitements réitérés au sulfure de carbone ou aux sulfo-carbonates, il faut dépenser à peu près de 100 à 150 francs par hectare, en comptant la main-d'œuvre.

Il resterait à ajouter à ces chiffres les frais de fumure qui doivent accompagner chaque traitement ; mais en outre que ces fumures, purin, ou engrais chimiques solubles ne sont pas d'ordinaire d'un prix très élevé, on ne doit pas les faire figurer dans les dépenses brutes, puisque ces fumures sont d'ordinaire indispensables et qu'elles ne font, dans ce cas, qu'entretenir la vigueur de la vigne, augmenter la fertilité du sol et assurer les récoltes.

Voilà pour le chapitre des dépenses.

Avant de voir celui des revenus, disons tout d'abord que nous ne parlons pas ici des vignes vieilles et affaiblies qui ne valent pas la peine d'être sauvées à l'aide d'un traitement. Pour elles, il n'y a que des dépenses à faire sans profits. En effet, ce serait une mauvaise spéculation que de traiter de pareilles vignes ; on mettrait plusieurs années pour les ramener à un bon état, et au dernier moment, quand on aurait dépensé une somme assez ronde en traitement pour les débarrasser de leurs ennemis, elles se trouveraient en âge d'être arrachées et remplacées par de jeunes plants. Il est clair que les frais de traitements ne seraient jamais compensés.

Mais pour les vignes jeunes et vigoureuses, il en va autrement, et nous disons que pour celles-là on est en droit d'espérer qu'après les avoir débarrassées du phylloxéra au prix de bien des fatigues et de remèdes, on récoltera de quoi, non seulement compenser toutes les dépenses, mais encore un revenu qu'aucune autre culture ne pourrait rapporter. C'est pour ces vignes — et la plupart des nôtres sont dans ce cas — que se pose la question des profits en regard de celle des dépenses.

Eh bien ! nous en appelons au jugement des vignerons, qui nous dirons eux-mêmes que, même avec cette dépense de 150 francs par hectare, il reste, dans les années moyennes, un bon revenu par hectare et même que ce revenu, comme le veut le Dr Crolas pour qu'on soit autorisé à traiter, est supérieur encore à celui qu'on tirerait d'une autre culture.

Que l'on considère le produit d'un hectare de vigne. On peut dire que, dans les années moyennes (1), les années les unes dans les autres, suivant la pittoresque expression reçue, chaque journal de vigne donne au bas mot sa demi-pièce de vin. En tenant compte des mauvaises années, c'est donc au moins un hectolitre de vin qu'on obtient tous les cinq ares,

(1) Evidemment nous ne parlons pas ici des années exceptionnelles comme celle de 1885, à la fin de laquelle certains vignerons de la Genebrière ont fait plus de 3,000 francs par hectare de vigne.

ce qui fait, pour un hectare de vigne, 20 hectolitres, qui sont vendus à raison de 50 francs l'hectolitre en moyenne et constituent un revenu de 1,000 francs par hectare.

Et nous ferons observer que c'est là un chiffre minimum ; car il n'est pas rare de trouver dans le vignoble des clos donnant un revenu de 1,500 et même de 2,000 francs par hectare.

Or, il nous semble que ceci prouvé, il est facile de voir que ce revenu vaut la peine de sacrifier 100 ou 200 francs en traitements ; d'en dépenser autant (1) pour remplacer nos vignes dans le cas où elles ne résisteraient pas au phylloxéra ; et qu'il est enfin supérieur au revenu qu'on tirerait de n'importe quelles cultures, surtout si l'on considère les prix inférieurs auxquels sont tombés les froments et les autres céréales (2).

Si, néanmoins, les avances de quelques vignerons étaient insuffisantes pour supporter les frais des traitements et entretenir pendant ce temps-là l'existence d'une nombreuse famille, et s'ils désirent traiter leurs vignes à meilleur compte, ils ont tous la facilité de le faire économiquement. Qu'ils écoutent le sage conseil qu'on leur a donné déjà et qu'ils se réunissent en

(1) Chauzit, ouvrage cité.

(2) C'est une vérité incontestable. Certains vignerons qui ont la charge d'une nombreuse famille peuvent vivre dans un vignoble d'un hectare et seraient réduits à la misère s'ils étaient obligés de s'adonner à la grande ou à la petite culture.

syndicat. Depuis la promulgation de la loi du 2 août 1879, qui visait la surveillance des vignobles et leur défense, les viticulteurs ont compris qu'ils trouveraient, dans une association reconnue et protégée par les pouvoirs publics, une force d'action et des capitaux qui peuvent avoir raison des plus grosses difficultés. Ce qu'un vigneron ne peut faire, plusieurs le peuvent ; ce qui écraserait un vigneron n'est plus qu'un fardeau léger sur les épaules de plusieurs. Qu'ils y réfléchissent, ces chers vignerons, et ils verront enfin qu'en mettant en commun leur bonne volonté, leur temps, leur argent, ils défendront mieux leurs vignes, et cela à moins de frais. Ils trouveront bientôt, dans le Syndicat, la facilité des renseignements, la modicité de prix pour les produits achetés, non plus en détail, mais en gros ; enfin, la solidarité qui unit tous les membres d'une association et les détermine à se consacrer à la défense de leurs intérêts communs. La vérité de ces paroles de nos Saintes Lettres : « Malheur à qui va seul », est palpable pour nous en cette triste circonstance. Si nos vignerons persistent à rester isolés, le fléau gagnera tout le vignoble déjà compromis, en allant de vigne en vigne. Le vigneron laissé à ses propres forces et sur lequel pèsent de lourdes charges, une famille à nourrir et à élever, sa maison ou sa vigne achetée naguère à payer complètement, n'aura ni le courage ni les ressources nécessaires pour débarrasser ses quelques journaux de vigne du terrible puceron ou pour l'empêcher de revenir par les réinvasions estivales. Dans ce cas, il est perdu ; tandis que, s'il fait partie d'un Syndicat, il reçoit des conseils qui le guident et de l'argent qui l'aide dans l'accomplissement de sa difficile mission. Voilà des choses dont on ne comprend pas assez la souveraine importance. Espérons qu'on s'en rendra compte avant qu'il soit trop tard. Pour le moment, il appartient à d'autres qu'à nous de s'étendre davantage sur ce sujet.

Aussi bien, comme on l'a fait judicieusement remarquer, chaque chose a ses limites et cette longue lettre a déjà de beaucoup dépassé les siennes.

Il ne nous reste plus qu'à exhorter les vignerons d'Huriel à méditer cette grave et importante question de la défense de leurs vignes et à jeter un dernier coup d'œil sur la terrible et nouvelle situation créée par la présence du phylloxéra. Qu'ils calculent d'un côté le bien-être que la culture de la vigne a introduit dans ce pays en peu de temps (1) ; qu'ils remarquent qu'avec quelques journaux seulement de vignes, certains vignerons peuvent, non seulement vivre avec leur famille, mais faire des économies et augmenter chaque année leur vignoble (2) et qu'ils songent

(1) Si nous n'étions retenu par le désir d'éviter la moindre peine à nos frères, nous citerions le nom de villages dont les habitants sont sortis d'une condition si misérable qu'elle était jadis proverbiale, et qui sont aujourd'hui propriétaires des meilleurs clos !

(2) Les vignerons ne veulent pas toujours avouer ce fait quand on leur en parle. Mais qu'on examine les faits ; ils prouveront que les vignerons ne s'arrachent avec tant d'ardeur les journaux de vignes que parce qu'ils savent

à l'affreuse ruine qui remplacera cette prospérité présente, s'ils ne se décident pas à donner à cette question toute l'attention qu'elle réclame. Les récoltes diminuant d'année en année, les ressources épuisées, les dettes augmentant avec les charges... c'est la ruine pour la famille ; c'est encore la ruine pour la commune, car que deviendront les vignerons, si le mal n'est pas écarté ; que deviendront tous ces bras inactifs et inoccupés ? Il faudra, pour un *tiers* de notre population agricole, s'expatrier loin d'un sol qui, naguère, pouvait bien enrichir ses vignerons, mais qui ne pourra plus désormais les nourrir.

Oh ! quelle poignante perspective que celle-là ! Et dire que ce sombre tableau peut passer du domaine de nos craintes dans celui d'une triste réalité !

Et dire que ces tristes misères, que les populations du Midi ont connues après les avoir méprisées comme de lugubres exagérations, pourront s'asseoir à nos

que c'est là un bon placement. Pour ne citer qu'un exemple entre cent autres, qu'on observe ce qui s'est passé au mois de mai de cette année pour la vente des vignobles des Moulins-Gargots qui appartenaient à Mᵐᵉ Vᵉ Cornereau, de Dijon. Tandis que le beau domaine de Saint-Christophe, qui faisait partie de la même propriété et qui n'est pas entièrement vendu, trouvait difficilement preneur et nécessitait plusieurs vacations, les vignobles des Moulins-Gargots, malgré les menaces sérieuses du phylloxéra qui était à leur porte, ont été enlevés par les vignerons à un prix relativement très élevé ; il en a été de même dans toutes les ventes qui ont été faites depuis quelque temps.

foyers, après en avoir chassé le bien-être et la joie !

Oui ! il faut que tous sortent de la coupable inaction qui peut tout perdre ! Le danger est certain, très certain... (1) Et ce n'est pas nous qui l'exagèrerions à dessein. Le seul mobile que nous ayons, le seul qui nous a fait pousser ce cri d'alarme, à nous qui n'avons dans ce pays, on le sait bien, nulle propriété, nulle vigne, nul intérêt matériel, aucun parent, aucun lien même, si ce n'est de l'affectueux dévouement qui nous retient au milieu de vous, le seul mobile qui nous a fait agir, nous l'avons dit, c'est la crainte du danger que vous courez tous et dont plusieurs se préoccupent avec raison.

Mais, abandonnons ces tristes pressentiments ! Nous espérons que les vignerons de bonne volonté vont s'émouvoir comme il convient des dangers qui les menacent et que nous leur avons signalés avec notre amicale franchise ; ils observeront leurs vignes, se servant des symptômes dont nous avons parlé pour reconnaître leur ennemi, et enfin, ils n'hésiteront pas à prendre, pour le combattre, les moyens que nous leur avons indiqués à la suite de viticulteurs éminents, et ainsi ils travailleront au salut de leur vignoble avec espoir et courage, sachant, d'une part, qu'ils peuvent, à l'heure actuelle, les sauver et, de l'autre, qu'ils ne doivent rien négliger pour le faire, puisque,

---

(1) On doit bien enfin s'en convaincre, après la constatation officielle qui a été faite des progrès du phylloxéra dans le clos du Grand-Marignat.

9.

d'après l'expérience, **« toute vigne en-vahie par le phylloxéra est fa-talement vouée à la mort, si on l'abandonne à elle-même. »**

L'Abbé Joseph-H.-M. CLÉMENT,

vicaire.

Huriel, septembre 1887.